内蒙古自治区科技计划资助项目《内蒙古传统饮食文化数字
（项目编号：2021GG0093）

U0623285

内蒙古名菜
数字化研究与标准化推广

张国东　王庆鹏　彭文明◎著

重庆大学出版社

内容提要

《内蒙古名菜数字化研究与标准化推广》聚焦于传统饮食文化的现代转型,以数字化技术与标准化体系为核心,系统解构内蒙古名菜的烹饪工艺、营养结构及文化内涵。研究依托大数据分析,对全区十二盟市代表性菜品进行热量、蛋白质、脂肪等营养成分的量化评估,结合现代健康饮食标准提出优化策略,构建科学膳食模型。同时,通过数字化手段对传统技艺进行全流程记录与三维建模,实现烹饪技艺的可视化保存与高效传播,为非遗保护提供技术支撑。标准化框架的建立,则从原料配比、工艺流程到风味评价形成统一规范,确保菜品品质的稳定性与跨区域复现能力,助力"内蒙古味道"的品牌化与产业化发展。专著融合田野调查、文献分析与实证研究,由国家级技能大师工作室负责人彭文明教授领衔团队完成,为餐饮业与旅游业的深度融合、区域经济升级及牧民增收提供了理论与实践双维度的创新路径。本书的出版标志着内蒙古饮食文化从传统传承迈向科技赋能的崭新阶段,为全球食客领略草原风味开辟了数字化窗口。

图书在版编目(CIP)数据

内蒙古名菜数字化研究与标准化推广 / 张国东,王庆鹏,彭文明著. -- 重庆:重庆大学出版社,2025.3.
ISBN 978-7-5689-5029-9

I. TS971.202.26

中国国家版本馆 CIP 数据核字第2025V1Z406号

内蒙古名菜数字化研究与标准化推广

张国东 王庆鹏 彭文明 著
策划编辑:沈 静
责任编辑:石 可　版式设计:沈 静
责任校对:邹 忌　责任印制:张 策

*

重庆大学出版社出版发行
出版人:陈晓阳
社址:重庆市沙坪坝区大学城西路 21 号
邮编:401331
电话:(023)88617190　88617185(中小学)
传真:(023)88617186　88617166
网址:http://www.cqup.com.cn
邮箱:fxk@cqup.com.cn(营销中心)
全国新华书店经销
重庆升光电力印务有限公司印刷

*

开本:787mm×1092mm　1/16　印张:9.25　字数:203 千
2025 年 3 月第 1 版　2025 年 3 月第 1 次印刷
印数:1—1 000
ISBN 978-7-5689-5029-9　定价:59.00 元

序

内蒙古，那片广袤无垠的草原大地，犹如一幅雄浑壮阔的画卷，在历史的长河中徐徐展开。而内蒙古的名菜，则是这幅画卷上璀璨的明珠，散发着独特而迷人的魅力。

内蒙古，拥有着壮丽的自然风光和独特的民族文化。其美食，以豪迈大气、原汁原味而著称。当我们谈及内蒙古名菜，脑海中立刻浮现出烤全羊的豪迈霸气、手抓肉的原汁原味、奶茶的醇厚香浓……一道道内蒙古名菜，承载着草原儿女的生活智慧、情感寄托与历史传承。这些美食不仅仅是味蕾上的享受，更是内蒙古文化的重要载体。它们见证了草原儿女的勤劳与智慧，承载着这片土地上的历史记忆与民族情感。

在当今科技日新月异的时代，对内蒙古名菜进行数字化研究具有重大的现实意义。这一举措不仅能够将传统美食技艺以更加精准、高效的方式记录和保存下来，使其在岁月的长河中得以传承不息，而且为内蒙古美食走向更广阔的舞台奠定了坚实的基础。通过数字化的手段，我们可以对名菜的制作过程、食材搭配、烹饪技巧等进行详细的拆解和分析，让更多的人能够轻松学习和掌握这些美味佳肴的制作方法。数字化研究为内蒙古名菜的传承与发展带来了新的机遇。通过先进的数字技术，我们可以对名菜的制作工艺、食材选取、风味特点等进行全方位的记录和分析。这不仅有助于保存这些珍贵的传统技艺，还能让更多的人通过网络等渠道了解和学习内蒙古名菜，使它们在更广泛的范围内得到传播。

标准化推广则是确保内蒙古名菜品质稳定的关键。只有建立起统一的标准，才能让无论身处何地的食客都能品尝到正宗的内蒙古味道。这对提升内蒙古餐饮业的整体水平、树立内蒙古美食的品牌形象至关重要。

本书的问世，可谓恰逢其时。作者用其专业知识和对内蒙古美食的执着热爱，深入探索了内蒙古名菜的数字化之路和标准化之策。书中详细阐述了如何运用现代科技手段对名菜进行数字化记录和分析，以及如何制订科学合理的标准来推广这些美食。

　　本书由国家级技能大师彭文明教授进行整体规划设计，由王庆鹏、张国东执笔、统稿、修改、定稿以及完成菜品图片的收集工作，由席晓霞参与菜品营养成分分析。

　　本书参考和引用了一些专家、学者的学术成果和菜品制作的案例，书中列出了主要参考文献，意在向专家、学者们致谢，同时，也为读者们提供了进一步研究学习的资料。

　　本书的出版得到了重庆大学出版社的大力支持，沈静编辑在本书编写过程中给予了悉心指导并付出了辛勤努力，在此表示诚挚的谢意！

　　相信这本书将成为内蒙古美食领域的重要参考书籍，为推动内蒙古名菜的传承与创新、促进内蒙古餐饮业的繁荣与发展发挥积极的作用。让我们共同期待内蒙古名菜在数字化与标准化的引领下，走向更加辉煌的未来，让世界领略内蒙古美食的独特魅力。

张国东　王庆鹏　彭文明

2024 年 9 月 30 日

目　录

1. 引 言

内蒙古独特的地域造就了独特的味道，还孕育了丰富多彩的民族文化。在这里，内蒙古的饮食文化与其他毗邻省区的文化高度融合，既有传统的蒙餐文化，也有汇聚而来的多元饮食文化。这种文化的交流与融合成就了"无可复制的地域、独一无二的味道"的内蒙古饮食文化精髓。

1.1 研究背景

在提振消费、促进就业、普惠民生的新常态下，努力探索出一条符合战略定位，体现内蒙古特色，以生态优先、绿色发展为导向的高质量发展新路子，已成为当前工作的重中之重。内蒙古独特的地域造就了独特的饮食文化。同时，内蒙古的饮食文化同其他毗邻省区的文化是高度融合的。所以其中既有蒙古族的餐饮文化，也有汇聚而来的多元的饮食文化，成就了无可复制、独一无二的内蒙古饮食文化精髓。经过多年的发展，内蒙古饮食文化初具产业规模，主要归功于政府对餐饮文化和相关产业的帮扶。在我国迈入新的历史阶段之际，内蒙古的饮食文化也得到了飞速的发展。近几年，内蒙古餐饮业与旅游业已成为内蒙古经济增长的新动力，每年的增长速度高达5%，成为内蒙古的经济发展与对外开放的阳光产业。目前，越来越多的餐饮企业正逐渐转型，向内蒙古名菜饮食文化靠拢，为调结构、惠民生、提升消费和服务水平作出新的贡献。在此基础上，本研究以人工智能、大数据、云计算为技术支撑，是集内蒙古饮食文化资源和旅游文化资源于一体的集成化工程。面向全国，进行内蒙古饮食文化的系统梳理，实现整合内蒙古饮食文化资源、推动蒙餐饮食产业化发展两大任务。将内蒙古地区较为成熟的资源收集起来，通过统一的标准整理，然后对外进行发布共享。在此基础上挖掘更丰富的内蒙古地区饮食文化，不断充实饮食文化库，以实现收集、整合、创新内蒙古饮食文化的目标。通过科学保护和合理而科学地开发、整合、共享上述内蒙古饮食文化资源，保证内蒙古饮食文化的健康、持续发展和长期有效利用，传承和弘扬蒙餐文化以及文化资源创新服务，为开创饮食资源开发、旅游文化发展的更高端局面提供大量真实而自然的资源，从而大力推动内蒙古地区经济社会的进一步发展。

开展内蒙古名菜饮食文化数字化研究与标准化推广，对人们深入认识、了解并继续发扬蒙古族传统饮食技艺，具有不可估量的价值和深远的影响。

1.2 研究意义

1）对人们深入认识、了解并继续发扬蒙古族传统饮食技艺，具有重要的价值和深远的影响

内蒙古的名菜不仅体现了草原文化的深厚底蕴，而且作为一种新兴的旅游文化产品，它还具有显著的地域性特点。蒙古族，作为居住在内蒙古高原的主要少数民族，其饮食传统是在其历史上的多种经济形态——狩猎、渔猎、游牧和绿洲农业中逐渐形成的。蒙古族的饮食文化，因其在欧亚大陆的广泛影响力，汇集了中西方各国的饮食文化精髓，表现了蒙餐的独特风味和文化特色。在推动旅游发展的过程中，蒙古族饮食文化虽然重要，但往往扮演的是辅助或次要的角色。21 世纪以来，随着交通工具的快速发展，全球经济与文化的交流变得更加频繁，带动了世界旅游业的新趋势和变革。旅游者对旅游的期待已经超越了传统的游山玩水，他们更希望参与当地的生活，通过深入了解异地文化来获得更深层次的旅行乐趣。相较于其他类型的文化，特色饮食文化更能够激发人们的兴趣，并快速地被理解和接受。游客在轻松的用餐环境中，可以更深刻地体验蒙餐文化的特色与魅力，这不仅丰富了他们的旅游体验，而且能帮助他们提升文化理解力、增进见识、培养情感、提升对美的感知。将蒙古族饮食文化的研究成果应用于旅游活动之中，使其成为旅游体验的重要组成部分，这与旅游业的发展方向相契合。这不仅能够提升蒙古族饮食文化的经济重要性，还能够加速蒙古族旅游业和餐饮业的发展，以及推动内蒙古地区经济的整体进步产生显著的影响。

2）深化对内蒙古传统饮食技艺的全面搜集与细致编纂，助力内蒙古名菜饮食文化在国内外的传播与发展

蒙古族的饮食制作技艺承载着丰富的历史信息，它在中国饮食文化中具有显著的地位，并且是研究北方游牧民族饮食制作技艺发展不可多得的历史见证。在其发展过程中，蒙古族饮食制作技艺不仅展现了由草原生态和历史文化塑造的区域性特征，还吸收并融合了多民族的饮食文化特质。现代牧民所保留的传统饮食技艺，在很大程度上是对古代蒙古

族饮食技艺的继承与发展，它们不仅体现了古代蒙古族饮食技艺在各个历史阶段的丰富积累，也直观地展现了蒙古族饮食技艺的历史发展轨迹。蒙古族传统饮食技艺虽然在传承过程中发生了变化，与史籍中的描述不完全一致，但它对蒙古族饮食的各个方面——包括结构、风味、习惯、方式和礼仪——的形成和发展仍然起着至关重要的作用。通过对蒙古族饮食制作技艺的古今对比研究，我们不仅可以了解古代技艺在现代的传承和发展，而且能深入挖掘古代烹饪的传统智慧，以及识别不同历史时期人们思维方式的异同。学术领域对蒙古族饮食制作技艺及其历史脉络的研究尚显不足，目前还没有专门的著作来全面论述这一领域。

在中国非物质文化遗产的名录中，传统饮食制作技艺是传统手工艺技艺部分的一项宝贵财富。在国家对传统手工艺技艺提升关注和支持的背景下，蒙餐饮食制作技艺等非物质文化遗产代表性项目取得了显著的发展进步。饮食制作技艺作为非物质文化遗产的一部分，是各族人民通过长期的生产实践积累下来的、与日常饮食密切相关的传统知识和技能，它们主要通过人们的活动得以保存、发展和传承，而不只是保存在古籍文献之中。市场经济的多元化、食品生产的工业化和城镇人口的普及化等因素，已经对蒙古族传统饮食制作技艺的生存土壤和社会环境造成了显著的影响，这些变化对技艺的保留和传承带来了前所未有的挑战。另外，一些具有长期历史和文化价值的蒙古族传统饮食制作技艺，由于过度开发和使用，其自然发展规律已经受到破坏。更令人关注的是，一些技艺，如蒸馏酒、米酒和糍粑的制作，在今天的草原牧区已变得罕见，有的甚至面临消失的危险。保护蒙古族饮食制作技艺这一非物质文化遗产已经到了关键时刻，换句话说，以历史文献为依据，采用实地调查和访谈等方法，对现存的传统技艺进行完整的恢复和有效的挽救是至关重要的。这类研究在一定程度上为人们提供了珍贵的原始资料，能帮助他们理解和领会古代蒙古族传统饮食制作技艺中所蕴含的丰富烹饪知识和深厚的传统文化。

3）系统梳理研究内蒙古特色蒙古族饮食疗法，科学合理地分析营养结构，总结制订科学饮食的策略，助力全民健康发展

保证足够的营养摄入，不仅可以提高个体对疾病的抵抗力，还能使人们在面对各种健康挑战时处于更有利的位置。但我们究竟该如何保证良好的营养状况并提高免疫力呢？蒙古族特色饮食疗法不仅是众多治疗方法中极为重要的组成部分，也是蒙古族饮食文化的重要组成部分，同样在草原文化中占据着不可替代的地位。蒙古族由于长期从事畜牧业，最早开始研究乳类、牛羊类食品对身体的疗效，并首先在马奶饮食疗养上取得进展。酸马奶是用马奶酵制而成的一种饮料，《饮膳正要》中提及，马乳"性冷、味甘、止渴、治热"。威廉·鲁布鲁克在他的游记《关于鞑靼食品》中写道："在夏天，只要他们还有酸马奶酒，

就根本不关心任何其他食物。"用酸马奶治病，也有一千多年的历史。《蒙古秘史》中就有给因受伤大出血而昏厥的人喝马奶救治的记载。以酸马奶、酪酥等作为药物的做法，也传入了内地汉族地区。《北史》曾说突厥人"饮马酪取醉"，《新唐书》也载有北狄"资重酪以食"。"马酪""重酪"，都是指酸马奶，可以说，用酸马奶来治病是蒙医学最初的饮食疗法。蒙餐中的重要原料羊肉，也具有很高的营养价值。据《本草纲目》记载，羊肉有益精气、疗虚劳、补肺肾气、养心肺、解热毒、润皮肤之效。《本草食疗》中记载："凡味与羊肉同煮，皆可补也。"羊肉具有温和的性质，在冬季食用不仅能为身体提供额外的热量以抵御寒冷，还能促进消化酶的分泌，保护胃部，修复胃黏膜，助力消化系统，具有抗老化的效果。在中国古代医学中，羊肉被视为一种能够增强元气、补充血液、治疗肺部虚弱、恢复体力、温暖胃部的优质食材，是一种上佳的温和滋补品。此外，蒙餐中以牛肉为原料的饮食疗法也得到进一步的发展和完善，通过这种方式，其发展出了独具特色的饮食治疗方法，它能够帮助人们预防和抵御各种疾病，恢复健康，实现长寿并拥有强健的身体。

民以食为天，膳食营养是健康的重要基石。《金匮要略》云："凡饮食滋味以养于生，食之有妨，反能为害……"在健康防护工作中，饮食调摄同样是非常关键的一环。本研究的重点之一在于系统梳理蒙古族饮食疗法，科学合理地分析蒙餐的营养结构，并据此总结和制订一套科学饮食策略，以支持健康防护措施，减少疾病发生的风险因素，并促进疾病的恢复与预后改善。

根据对全区高等教育机构和自治区烹饪与饭店行业协会的调研，截至 2019 年底，大中专院校对蒙古族饮食制作工艺的研究非常有限，关于蒙古族传统饮食文化、食品及相关制作技艺的教材或专著极为稀缺，专业人才与教材的不足在一定程度上制约了蒙古族传统饮食文化和制作技艺的保护与传承。通过这项研究，我们不仅能更全面和细致地探索蒙古族传统饮食制作技艺，还能促进这一文化的传播与进步，此外，它在激发和推动蒙古族饮食相关专业在内蒙古自治区乃至全国高校发展方面具有关键作用。

1.3 研究范围

本研究主要以内蒙古饮食文化为研究对象，以数字化与标准化为核心，探讨内蒙古饮食文化继承与发展的问题。

一是建立基于大数据的内蒙古蒙餐饮食分析（主要包括对能量、碳水化合物、蛋白质、脂肪、钠等营养物质的含量分析），建立科学的食品标准与膳食营养结构，夯实民族特色饮食的健康基础。

二是搜集整理内蒙古名菜饮食文化中食疗养生方面、食材方面的介绍，总结内蒙古名菜饮食文化中的养生之法，从而建立集食疗养生于一体的新型饮食标准。

1.4 研究目标

①提升内蒙古蒙餐业整体发展水平。改进传统制作工艺、调整膳食营养结构、增强食疗养生功效。

②加快推动内蒙古餐饮业与旅游业全面发展、融合发展，将传统饮食制作体验以及氛围营造，有效融入内蒙古特色盟市旅游之中。

③提高乳制品综合生产能力。加快内蒙古传统饮食制作标准化进程，提高产量和质量，增加牧民年收入。

2.研究思路和总体方案

2.1 研究思路

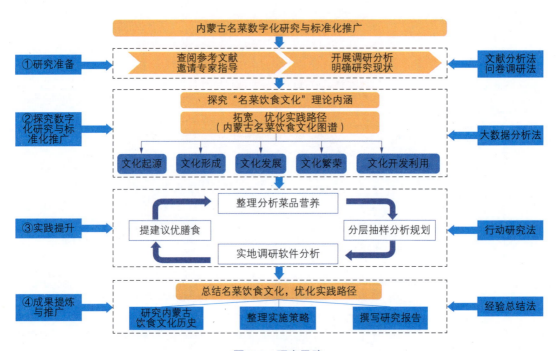

图 2.1 研究思路

内蒙古名菜饮食文化数字化研究与标准化推广总体思路如图 2.1 所示，具体包括文献分析法、问卷调研法、大数据分析法、行动研究法和经验总结法。

一是文献分析法。利用文献分析法，我们将对内蒙古名菜饮食文化进行详尽的探究，包括对其各个方面的系统描述、总结、概括和分析。通过细致研读和分析关于内蒙古名菜饮食文化及旅游资源的文献，本研究将对饮食文化资源的开发过程进行评估，以确保研究的严谨性和科学性。

二是问卷调研法。通过在内蒙古的呼和浩特市、鄂尔多斯市、锡林郭勒盟等蒙古族集中居住的地区进行田野调查，与当地餐饮业的管理者和经营者进行访谈，并对游客进行问卷调查，本研究汇集了大量关于内蒙古饮食文化资源和餐饮业开发的直接资料。

三是大数据分析法。通过对内蒙古十二个盟市最具代表性的菜品的主要原料、制作工艺进行系统整理，分析其中供应的热量和营养素是否符合我国健康饮食的标准，进而提出合理化建议，改善自治区居民的膳食搭配，提高居民体质。研究计划从自治区十二个盟市有代表性的餐饮业龙头企业、特色小吃（区、市级百年老字号）中，分层随机抽取菜品作为研究的对象。制订详细的研究计划后，研究者在这些重点研究场所，实际调查菜品的原料搭配、制作工艺、营养组成，并用大数据营养分析软件，对菜品的热量和营养素的含量进行分析。

四是行动研究法。通过实践与研究的结合，探索内蒙古名菜饮食文化数字化研究与标准化推广的有效路径。其核心是：将理论与实践相结合，通过制订计划、实施行动、总结提升和提出问题的循环过程，不断优化推广策略，确保研究结果能够切实应用于实际场景。行动研究法强调动态性与适应性，注重在实际推广过程中发现问题、解决问题，通过数据反馈与经验总结，提出改进建议，最终实现内蒙古名菜饮食文化的科学化、标准化和可持续推广。

五是经验总结法。通过系统性梳理与提炼，总结内蒙古名菜饮食文化的核心特征与实践经验，优化其传承与推广路径。经验总结法以历史溯源为基础，深入研究内蒙古饮食文化的演变脉络与内在逻辑，结合前期文献分析、问卷调研及行动研究成果，提炼标准化推广的关键策略，最终通过撰写研究报告，形成兼具理论深度与实践价值的总结体系，为后续文化保护、产业发展和健康饮食推广提供可复制的经验参考与决策依据。经验总结法的核心在于从历史积淀与现实实践中找到规律，通过"研究历史—整理策略—撰写报告"的递进过程，实现文化传承与创新实践的有机结合。

2.2　总体方案

一是通过对内蒙古十二个盟市最具代表性蒙餐的主要原料、制作工艺进行系统整理，建立基于大数据的蒙餐饮食分析体系（主要包括对能量、碳水化合物、蛋白质、脂肪、钠等营养物质的含量分析），判断其是否符合我国健康饮食的标准，进而提出合理化建议。

二是通过搜集整理内蒙古名菜饮食文化中食疗养生方面、食材方面的介绍，总结内蒙古名菜饮食文化中的养生之法，全面系统地分析融合蒙、汉、回等多个民族和多个地区的饮食精粹，并广泛采用与大量外来食材相关的饮食文化与养生思想，分析医药文化中包含的养生理念和养生方法，以及在食疗、药膳、弥补本草不足方面的先进经验，以期构建以"食疗"为主，集保健、养生、食物本草于一体的体系，这对养生学、本草学、历史学的研究有重大作用。

2.3　总体技术架构

内蒙古名菜饮食文化数字化研究与标准化推广研究的技术架构如图 2.2 所示。

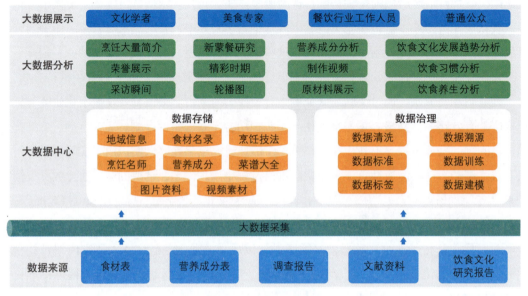

图 2.2　技术架构图

系统技术架构自下而上分为四层，分别为数据来源、大数据中心、大数据分析、大数据展示。

数据来源：数据来源包括食材表、营养成分表、调查报告、文献资料、饮食文化研究报告等数据。

大数据中心：数据中心为内蒙古名菜饮食文化数字化研究与标准化推广的系统大数据分析提供了数据支撑。其主要由两个部分组成：一是数据存储，数据存储是大数据的关键技术，包括非结构化数据和结构化数据的存储。非结构化数据主要采用的是分布式文件系统或对象存储系统进行存放，如图片数据、视频数据等。结构化数据能够用统一的数据结构加以表示，如食材数据、菜谱数据、地域数据等。二是数据治理，数据治理能通过不同的标准和策略提高组织数据的可用性、质量和安全性，主要包括数据清洗、数据溯源、数据标准、数据训练、数据标签、数据建模等。

大数据分析：具体分析内容包括营养成分分析、饮食习惯分析、饮食文化发展趋势分析、饮食养生分析等。

大数据展示：系统建成后，将提供统一的访问页面，文化学者、美食专家、餐饮行业工作人员、普通公众都可以访问，从而不断提升成果影响力，提升研究成果价值。

3. 内蒙古饮食改良与创新

3.1 包山羊

菜肴简介：包山羊（图 3.1），一种近乎失传的美食，其制作技艺是巴尔虎蒙古族最传统、最古老的技艺。游牧生活和战争，让巴尔虎蒙古族发挥智慧，创造了一门最传统、最古老的美食技艺。这种烹饪技艺以及将食材作为器皿本身的理念，无一不体现着呼伦贝尔草原上游牧民族的内涵精髓，也成为呼伦贝尔草原上的一道天赐盛宴。

图 3.1　包山羊

1）烹调方法

焖，烧，烤。

2）菜肴命名

根据烹调方法和原料命名。

3）烹调原料

①主料：山羊 15 kg。

②配料：蔬菜 5 kg，洋葱 1.5 kg。

③调料：葱 200 g，姜 200 g，盐 200 g。

4）工艺流程

①将山羊断水断粮一天后，从羊脖子开小口宰杀。然后，从羊脖子处将羊肉、羊骨及内脏取出，不得割破羊皮，只留下羊蹄。

②将事先腌制好的带有调料的蔬菜放置在羊皮内，使内部充满蔬菜的清香。

③准备好足够的鹅卵石并清洗干净，然后用喷火枪将鹅卵石加热。再将羊皮内的蔬菜取出，放入一层羊肉，放一层加热过的鹅卵石并夯实，直至装满后用铁丝封口。

④将山羊移至用钢筋焊制的铁架上，然后用喷火枪对羊皮进行烘烤，使其内外加热。待整个山羊表皮被烤焦，所有的羊毛都被烤干净后，用铁夹子夹住一块羊油，并用喷枪烘烤，将融化的羊油淋在山羊表皮上，增加羊皮的韧性和光泽。

⑤将羊头与烤好的山羊进行处理并连接在一起。这样，一道色香味俱全的烤全羊便大功告成。

5）菜肴特点

内焦香、外酥香，层次分明，汤汁浓香。

6）制作要求

①山羊要选用出生两年左右的本地山羊。

②从羊脖子开小口宰杀，然后，从羊脖子处将羊肉、羊骨和内脏小心取出，不能伤及羊皮，否则将会功亏一篑。

7）类似品种

烤全羊。

8）营养分析

包山羊营养成分表见表 3.1。

表 3.1　包山羊营养成分表

项目	检验依据	营养指标（送检样品）
能量（kJ/100 g）	将每 100 g 包山羊中蛋白质、脂肪、碳水化合物的测定值分别乘以能量系数 17，37，17，将所得结果相加	1098.0
碳水化合物（g/100 g）	按公式（100 - 蛋白质的含量 - 脂肪的含量 - 水分的含量 - 灰分的含量 - 粗纤维的含量）计算	2.4
蛋白质（g/100 g）	GB 5009.5—2016	29.6
脂肪（g/100 g）	GB 5009.6—2016	15.5
钠（mg/100 g）	GB 5009.91—2017	168.2

9）保健功效

山羊肉含有大量的高蛋白以及钙、铁、锌等微量元素，对促进人体代谢以及营养吸收有很大作用。山羊肉还可以保护人类的胃壁，可以促进胃黏膜中胃液的分泌，提高胃肠道的消化能力，从而预防胃肠道疾病的发生。山羊肉属于一种热性食物，多吃可以起到暖胃作用，可以预防胃寒，对男性来说，还可以起到补肾作用。

3.2　手抓肉

菜肴简介：手抓肉（图 3.2），也写作"手把肉""手扒肉"等。手抓肉是草原上蒙古族、鄂温克族、达斡尔族、鄂伦春族等游牧、狩猎民族千百年来的传统菜肴，是他们家中最为普遍的菜肴。手抓肉是草原牧民非常喜欢的菜肴，逢遇节日、操办喜事、宾客临门时，它都是必不可少的美食。羊、牛、马、骆驼等动物的肉均可被用于烹制手抓肉，但草原牧民所讲的手抓肉多指羊肉。

图 3.2　手抓肉

1）烹调方法

煮。

2）菜肴命名

在主料前附加特殊手法以命名。

3）烹调原料

①主料：羊肉 1000 g。

②配料：花边生菜 100 g。

③调料：精盐 10 g，料酒 15 g，花椒 3 g，姜片 10 g，葱段 15 g。

4）工艺流程

①将羊肉下入冷水锅，加热烧开，撇去血沫后放入葱段、姜片、料酒及花椒，以中小火煮 30～40 分钟。

②向锅中加入食用盐，再煮 10 分钟即可改刀装盘。

5）菜肴特点

颜色自然，装盘自然，羊肉味道醇香、质地脆嫩肥美，鲜咸适口。

6）制作要求

①羊要选用草原牧场生长的两岁左右的羯羊；
②采用"掏心法"宰杀，这样肉质会最为鲜嫩。

7）类似品种

新疆手把肉。

8）营养分析

手抓肉营养成分表见表3.2。

表 3.2　手抓肉营养成分表

项目	检验依据	营养指标（送检样品）
能量（kJ/100 g）	将每100 g手抓肉中蛋白质、脂肪、碳水化合物的测定值分别乘以能量系数17，37，17，将所得结果相加	1082.0
碳水化合物（g/100 g）	按公式（100－蛋白质的含量－脂肪的含量－水分的含量－灰分的含量－粗纤维的含量）计算	2.6
蛋白质（g/100 g）	GB 5009.5—2016	30.3
脂肪（g/100 g）	GB 5009.6—2016	12.6
钠（mg/100 g）	GB 5009.91—2017	268.0

9）保健功效

羊肉肉质结实、细嫩，新鲜多汁，无膻腥味。其色泽鲜美，肉层厚实紧凑，具有高蛋白、低脂肪、瘦肉率高、肌间脂肪分布均匀的特点。羊肉富含人体所需的氨基酸和脂肪酸。羊肉性温，有温中暖肾、益气补血之效，对脾胃虚寒、食欲下降以及反胃等症状有辅助治疗作用。

3.3　干腌白鱼

菜肴简介：白鱼学名为"红鳍鲌"，是我国南北方都喜食的淡水鱼类珍品，呼伦贝尔白鱼生产于我国无污染的第四大淡水湖。呼伦湖的小白鱼也叫"白条"，最大可以长到100～150 g，如果长到最大的时候不打捞就会死亡，为了长期保存，便采用干腌的方式。白鱼肉质洁白细嫩，经过腌制后，鱼的外观和色泽会发生变化，一般会变得更加紧实，色泽微微发黄。干腌白鱼（图3.3）具有浓郁的咸香味，口感韧劲十足，同时又保留了白鱼本身的鲜美。它既可以直接食用，也常被用作配料，添加到其他菜肴中增添风味。

图 3.3　干腌白鱼

1）烹调方法

盐腌。

2）菜肴命名

在主料前附加烹调方法以命名。

3）烹调原料

①主料：白鱼 1000 g。
②调料：食用盐 50 g。

4）工艺流程

①刮去鱼鳞并洗净，用剪刀从鱼的尾巴处朝鱼背部开刀口。
②剖开鱼肚子，将鱼的内脏都掏出来，将鱼头切掉并洗净。
③用食盐将鱼身里里外外均匀地抹上两层食盐，然后放入盆中，两天后翻动鱼身，腌

制 4 天后就可以进行晾晒了。

④用铁丝或布条缠在鱼身上，用筷子或竹签将鱼身撑开，将其挂在室外阳光照射处晾晒。

⑤晾晒 4 ~ 5 天，直至鱼晒到七成干即可。如果遇到阴雨天，要将鱼挂在通风处晾干。

5）菜肴特点

肉质鲜美可口，味道纯正。

6）制作要求

自然晾干。

7）类似品种

腊肉、咸鱼。

8）营养分析

干腌白鱼营养成分表见表 3.3。

表 3.3　干腌白鱼营养成分表

项目	检验依据	营养指标（送检样品）
能量（kJ/100 g）	将每 100 g 干腌白鱼中蛋白质、脂肪、碳水化合物的测定值分别乘以能量系数 17，37，17，将所得结果相加	748.0
碳水化合物（g/100 g）	按公式（100 – 蛋白质的含量 – 脂肪的含量 – 水分的含量 – 灰分的含量 – 粗纤维的含量）计算	2.5
蛋白质（g/100 g）	GB 5009.5—2016	28.4
脂肪（g/100 g）	GB 5009.6—2016	10.2
钠（mg/100 g）	GB 5009.91—2017	670.0

9）保健功效

呼伦湖白鱼的氨基酸、蛋白质含量丰富，因此肉味鲜美。

3.4 哈拉海炖豆腐

菜肴简介：哈拉海，是一种山野菜，学名叫宽叶荨麻，可用于治疗风湿关节痛、产后抽风、小儿惊风、小儿麻痹后遗症、高血压、消化不良、大便不通；外用可治荨麻疹初起，蛇咬伤。因为有细小的蛰毛，所以很容易被扎。哈拉海经过炖煮后，原本的苦涩味基本消失，留下淡淡的野菜清香，豆腐吸收了哈拉海和调料的味道，变得更加有滋味。哈拉海炖豆腐（图3.4）入口后先是淡淡的野菜味道，随后是豆腐的豆香和浓郁的汤汁味道在口腔中散开，让人有一种回归自然的感觉。

图3.4 哈拉海炖豆腐

1）烹调方法

炖。

2）菜肴命名

以主辅料加上烹调方法来作为菜肴的名称。

3）烹调原料

①主料：哈拉海200 g。

②配料：豆腐150 g。

③调料：豆油10 g，八角3 g，葱花8 g，大蒜5 g，生抽3 g，蚝油5 g，料酒8 g。

4）工艺流程

①将哈拉海清洗并改刀，将豆腐切成 2 cm 的方块。

②在锅里放豆油，放入八角、葱花、大蒜，略炒出香味，变色后，加水或高汤、生抽、蚝油、料酒，烧开后进行调味，最后加入豆腐、哈拉海。

③小火慢炖至豆腐变软入味即可装盘。

5）菜肴特点

清淡，豆腐与哈拉海都非常柔软，入口即化。

6）制作要求

小火慢炖。

7）类似品种

哈拉海炖土豆、柳蒿芽炖排骨。

8）营养分析

哈拉海炖豆腐营养成分表见表 3.4。

表 3.4　哈拉海炖豆腐营养成分表

项目	检验依据	营养指标（送检样品）
能量（kJ/100 g）	将每 100 g 哈拉海炖豆腐中蛋白质、脂肪、碳水化合物的测定值分别乘以能量系数 17，37，17，将所得结果相加	486.0
碳水化合物（g/100 g）	按公式（100 − 蛋白质的含量 − 脂肪的含量 − 水分的含量 − 灰分的含量 − 粗纤维的含量）计算	2.8
蛋白质（g/100 g）	GB 5009.5—2016	28.8
脂肪（g/100 g）	GB 5009.6—2016	5.2
钠（mg/100 g）	GB 5009.91—2017	560.0

9）保健功效

泻火解毒，生津润燥，和中益气，提高免疫力，补肾养血。

3.5　生烤牛肉

菜肴简介：生烤牛肉（图3.5），又叫"生烧牛肉"，是呼伦贝尔市的一道家常菜，与我们传统印象中的烤肉不同，极具特色。

图3.5　生烤牛肉

1）烹调方法

炸、炒。

2）菜肴命名

在主料前附加烹调方法以命名。

3）烹调原料

①主料：牛肉300 g。

②配料：油1000 mL，淀粉30 g，葱100 g，辣椒段（适量），香菜（适量）。

③调料：花椒0.5 g，醋8 g，芝麻0.05 g，生抽15 g，鸡精2 g，白糖2 g，盐2 g。

4）工艺流程

①将芝麻、酱油、醋、鸡精、盐、糖，加些水稀释，将牛肉切条（约女生拇指粗细），

牛肉应逆刀切，加入淀粉，使牛肉裹满淀粉。在锅中倒入油，将肉炸到八成熟后出锅，沥干油。

②下锅复炸，待有脆的口感时就可以出锅了，复炸时间不要太久，否则牛肉会变硬，锅里留有少许底油，先炒葱段（炒至葱段快熟），再加入花椒、辣椒段，随后直接倒入肉段，翻炒两下，立即沿锅边转圈倒入料汁，最后出锅。

5）菜肴特点

香味浓郁，咸甜适口，烤香浓郁，风味独特，营养丰富。

6）制作要求

复炸时，时间不要太长，否则牛肉会变硬；翻炒时开小火，不要开太大。

7）类似品种

生烤牛肉干、生烤羊肉。

8）营养分析

生烤牛肉营养成分表见表 3.5。

表 3.5　生烤牛肉营养成分表

项目	检验依据	营养指标（送检样品）
能量（kJ/100 g）	将每 100 g 生烤牛肉中蛋白质、脂肪、碳水化合物的测定值分别乘以能量系数 17，37，17，将所得结果相加	4572.6
碳水化合物（g/100 g）	按公式（100 - 蛋白质的含量 - 脂肪的含量 - 水分的含量 - 灰分的含量 - 粗纤维的含量）计算	16.2
蛋白质（g/100 g）	GB 5009.5—2016	78.5
脂肪（g/100 g）	GB 5009.6—2016	21.2
钠（mg/100 g）	GB 5009.91—2017	299.6

9）保健功效

牛肉具有健脾、益肾、补气血、强筋骨的作用。牛肉中含有丰富的蛋白质，氨基酸组成相较于猪肉更接近人体需要，能提高机体抗病能力，特别适合生长发育中的青少年及术后、病后调养的人。牛肉中富含铁质，常食可预防缺铁性贫血的发生。牛肉含锌，有助于合成蛋白质，促进肌肉生长，与谷氨酸盐和维生素 B_6 共同作用，增强免疫系统。

3.6　葫芦干炖沙地鸡

菜肴简介：葫芦干炖沙地鸡（图3.6）是通辽地区特别受当地百姓喜爱的一道家常菜，经过历代厨师的不断提炼，现在在各大酒店均有销售。此菜采用当地沙地上养殖的笨鸡和干葫芦条进行巧妙的搭配，可谓相得益彰。沙地鸡肉质鲜嫩有嚼劲，经过炖煮后，鸡肉的鲜美被充分释放出来。干葫芦条吸收了鸡肉的汤汁，变得软糯香甜，带有浓郁的肉香。成品菜肴干香软烂，营养丰富。

图3.6　葫芦干炖沙地鸡

1）烹调方法

炖。

2）菜肴命名

以主辅料加上烹调方法来作为菜肴的名称。

3）烹调原料

①主料：沙地鸡1只约750 g。

②配料：葫芦干 150 g。

③调料：葱段 15 g，姜块 15 g，大蒜 10 g，干辣椒 5 g，香叶 3 g，大料 5 g，酱油 10 g，生抽 8 g，食用盐 6 g，大豆油 50 g，料酒 15 g。

4）工艺流程

①将鸡肉切块焯水，再放凉备用，将葫芦干用温开水泡软，泡软后切成段备用。

②锅内加入色拉油，加入焯好水的鸡块煸炒至变色并散发出香味，然后依次放入姜块、蒜颗、葱段爆香，随后放入干辣椒、大料、香叶等调味品稍加煸炒，加水烧开后倒入高压锅炖 20 分钟。

③高压锅炖 20 分钟后，加入泡好的葫芦干和生抽，再次炖制 10 分钟即可出锅。

5）菜肴特点

色泽红润，鸡肉甘香，葫芦干软嫩，风味别致。

6）制作要求

炖菜一定要注意水要一次性加到位；注意鸡肉炖制时间；葫芦干一定要泡软洗净。

7）类似品种

小笨鸡炖土豆、笨鸡炖蘑菇、笨鸡炖豆角。

8）营养分析

葫芦干炖沙地鸡营养成分表见表 3.6。

表 3.6　葫芦干炖沙地鸡营养成分表

项目	检验依据	营养指标（送检样品）
能量（kJ/100 g）	将每 100 g 葫芦干炖沙地鸡中蛋白质、脂肪、碳水化合物的测定值分别乘以能量系数 17，37，17，将所得结果相加	1076.0
碳水化合物（g/100 g）	按公式（100 - 蛋白质的含量 - 脂肪的含量 - 水分的含量 - 灰分的含量 - 粗纤维的含量）计算	6.8
蛋白质（g/100 g）	GB 5009.5—2016	22.4
脂肪（g/100 g）	GB 5009.6—2016	14.8
钠（mg/100 g）	GB 5009.91—2017	389.0

9）保健功效

此道菜肴滋味鲜美，并富含营养，有滋补身体的作用。鸡肉中蛋白质的含量比例很高，并且其消化率高，很容易被人体吸收利用，有增强体力、强壮身体的作用。鸡肉还具有温中益气、补虚填精、健脾胃、活血脉、强筋骨的功效。葫芦性平，味甘，利水消肿，主治水肿腹胀等。药理研究证实，葫芦的苦味质，即"葫芦素"，有较强的抗癌作用。

3.7 烤羊骨棒

菜肴简介： 烤羊骨棒（图3.7）是内蒙古科尔沁的美食，由当地人将羊骨棒生烤而成。成菜后颜色红润，酥烂醇香，滋味鲜美，回味悠长，是佐酒的佳肴，深受食客青睐。

图3.7　烤羊骨棒

1）烹调方法

烤。

2）菜肴命名

在主料前附加烹调方法以命名。

3）烹调原料

①主料：羊骨棒 1000 g。

②配料：洋葱 100 g。

③调料：葱段 100 g，花椒 30 粒，孜然粒 5 g，辣椒粉 8 g，茴香 5 g，料酒 20 g，盐 15 g，糖 2 g，酱油 20 g，胡椒 2 g，姜片 100 g。

4）工艺流程

①将羊骨棒洗净，擦干表面的水分，用刀将外层的筋膜和骨棒根的厚皮切除，用刀尖在骨棒肉上均匀地扎上小孔，然后放入烤盘中，并在底部铺上切好的洋葱和姜片。

②往锅内加入适量的清水烧热，放入酱油、胡椒、辣椒、花椒、茴香、孜然、料酒、盐、糖，调制成咸鲜汤汁备用。

③把调制好的咸鲜汤汁倒入放有羊骨棒的烤盘中，腌制 1 小时。

④把烤盘放入烤箱，将上火调到 220 ℃，下火调到 280 ℃，烤制 25 分钟，翻面后再次烤制 25 分钟即可。上桌时对其加以点缀，并搭配辅料如荷叶饼、蒜蓉辣酱、葱丝等。

5）菜肴特点

颜色红润，酥烂醇香，滋味鲜美，回味悠长。

6）制作要求

精准调制烤羊骨棒的咸鲜汤料；烤制羊骨棒的时间、火候要适当。

7）类似品种

烤羊腿、传统烤羊肉、蒙古烤羊排。

8）营养分析

烤羊骨棒营养成分表见表 3.7。

表 3.7 烤羊骨棒营养成分表

项目	检验依据	营养指标（送检样品）
能量（kJ/100 g）	将每 100 g 烤羊骨棒中蛋白质、脂肪、碳水化合物的测定值分别乘以能量系数 17，37，17，将所得结果相加	795.6
碳水化合物（g/100 g）	按公式（100 - 蛋白质的含量 - 脂肪的含量 - 水分的含量 - 灰分的含量 - 粗纤维的含量）计算	0.17

续表

项目	检验依据	营养指标（送检样品）
蛋白质（g/100 g）	GB 5009.5—2016	17.8
脂肪（g/100 g）	GB 5009.6—2016	13.1
钠（mg/100 g）	GB 5009.91—2017	406.9

9）保健功效

羊骨棒富含的营养价值非常丰富，其含有大量的碳酸钙，当碳酸钙被人体摄入后，可以有效地增强骨骼的强度，降低骨质疏松发生的概率。而且这种羊骨棒中的胶原蛋白和弹力蛋白较为丰富，有助于美白皮肤，还可以提升骨骼弹性，对骨质疏松的老年患者起到一定的辅助治疗作用。适量食用一些羊骨棒还可以补肾壮阳。羊腿肉性温味甘，既可用于食补，又可用于食疗，为优良的强壮祛疾食品，有益气补虚、温中暖下、补肾壮阳、生肌健力、抵御风寒之功效。

3.8　科尔沁蒙古族馅饼

菜点简介：科尔沁蒙古族馅饼（图3.8）是内蒙古地区较为有名的一种面点品种，该馅饼以其皮薄馅大、质地柔软、口味鲜香而著称，深受百姓的喜爱和推崇。在内蒙古各地均有制作和销售。

图3.8　科尔沁蒙古族馅饼

1）烹调方法

烙。

2）菜肴命名

以地域附加民族风味来确定菜肴的名称。

3）烹调原料

①主料：面粉 500 g。
②配料：羊肉 600 g，植物油 100 g，水 88 g。
③调料：大葱 100 g，食用盐 7 g，肉汤 100 g。

4）工艺流程

①将面粉放入盛器中，按照顺时针方向边倒水边搅动，将其搅成韧性较强的软面团，饧面 30 分钟待用。
②将羊肉制成馅，大葱切成末，放入盛器中，加入食用盐、肉汤，按照顺时针的方向搅匀，分成 10 等份备用。
③将饧好的面揪成 10 个剂子，逐个包入羊肉馅并收拢捏严，擀成直径 15 cm 的圆饼。
④将饼铛预热到 200 ℃，刷一层油，将馅饼生坯放入饼铛，烙成浅黄色后翻面，刷油，待两面都烙成金黄色且饼皮鼓起即可。

5）菜肴特点

皮薄透亮，金黄油亮，鲜香可口，汁香味浓。

6）制作要求

和制面团的各种主料、配料、调料的比例要准确；将饼铛设为上火 200 ℃，下火 200 ℃。

7）类似品种

荞面馅饼、白皮馅饼。

8）营养分析

科尔沁蒙古族馅饼营养成分表见表3.8。

表3.8　科尔沁蒙古族馅饼营养成分表

项目	检验依据	营养指标（送检样品）
能量（kJ/100 g）	将每100 g科尔沁蒙古族馅饼中蛋白质、脂肪、碳水化合物的测定值分别乘以能量系数17，37，17，将所得结果相加	1049.0
碳水化合物（g/100 g）	按公式（100－蛋白质的含量－脂肪的含量－水分的含量－灰分的含量－粗纤维的含量）计算	26.8
蛋白质（g/100 g）	GB 5009.5—2016	8.8
脂肪（g/100 g）	GB 5009.6—2016	12.4
钠（mg/100 g）	GB 5009.91—2017	412.6

9）保健功效

羊肉中富含蛋白质、B族维生素（如维生素 B_{12}）、铁、锌等营养成分。蛋白质有助于身体的生长和修复，维生素 B_{12} 对神经系统的正常运作和红细胞的形成非常重要，铁是制造血红蛋白的关键元素，锌则对免疫系统和味觉感知等有诸多益处。

3.9　内蒙古通辽牛肉干

图 3.9　内蒙古通辽牛肉干

菜肴简介： 内蒙古通辽牛肉干（图 3.9）是一种特色食品，又名"内蒙古手撕风干牛肉""风干牛肉""手撕牛肉干"，是内蒙古特产，被誉为"成吉思汗的行军粮"。其源于蒙古铁骑的战粮，携带方便，有丰富的营养。内蒙古通辽牛肉干选用大草原优质无污染的新鲜牛肉，结合内蒙古传统手工与现代先进工艺制作而成。

1）烹调方法

烤。

2）菜肴命名

在主料前附以地名作为菜肴的名称。

3）烹调原料

①主料：牛后臀肉 25 kg。

②配料：洋葱 1000 g，芹菜 500 g。

③调料：鲜姜 500 g，料酒 500 g，食用盐 400 g，花椒 50 g，大料 50 g，酱油 500 g，味精 50 g，色拉油 500 g。

4）工艺流程

①将牛肉剔除筋膜，顺纹切成长 10～15 cm、宽 3 cm 的条，放入盛器中，然后加入洋葱、芹菜、鲜姜等食材和调味品腌制 12 小时待用。

②将腌制好的牛肉条挂在通风处晾制 30 小时左右。

③在铁烤盘中放入温度约为 120 ℃的木炭烤炉内先烤 3 分钟，然后在烤盘底部刷上油，将风干的牛肉干平铺在烤盘内烤 40 分钟，至色泽深红、肉质酥烂即可。

5）菜肴特点

呈酱红色，肉质香酥，有韧性，口味咸鲜。

6）制作要求

腌制要入味，风干时间要足够长，使牛肉里的水分散尽；保存环境为通风阴凉处，低温，且空气要干燥。

7）类似品种

风干牛肉、炸牛肉干。

8）营养分析

内蒙古通辽牛肉干营养成分表见表3.9。

表3.9 内蒙古通辽牛肉干营养成分表

项目	检验依据	营养指标（送检样品）
能量（kJ/100 g）	将每100 g内蒙古通辽牛肉干中蛋白质、脂肪、碳水化合物的测定值分别乘以能量系数17，37，17，将所得结果相加	950.5
碳水化合物（g/100 g）	按公式（100－蛋白质的含量－脂肪的含量－水分的含量－灰分的含量－粗纤维的含量）计算	4.3
蛋白质（g/100 g）	GB 5009.5—2016	38.2
脂肪（g/100 g）	GB 5009.6—2016	5.3
钠（mg/100 g）	GB 5009.91—2017	365.5

9）保健功效

①牛肉干中的铁元素含量较为丰富，有助于有效预防贫血。

②牛肉干含有大量的蛋白质和氨基酸，可以增加人体的肌肉量并增强体质。

③牛肉干富含蛋白质，具有维持钾钠平衡的作用，有利于消除水肿，也有助于提高免疫力。

④牛肉干富含烟酸，具有促进消化系统健康、有益皮肤健康、降血压以及减轻腹泻等多重功效。

⑤牛肉干中的钾、磷、铜等元素也很丰富，这些元素对维持人体健康十分重要。

3.10 香焖羊肉

菜肴简介：香焖羊肉（图3.10）是内蒙古东部地区的一道家常炖菜。其选用上等的羊前腿肉，将其剁成均匀的块状，进行长时间的小火焖制，汤汁少而不干，使其充分入味，出锅时撒上香菜即成。

图 3.10　香焖羊肉

1）烹调方法

焖。

2）菜肴命名

在主料前附加烹调方法以命名。

3）烹调原料

①主料：羊肉 750 g。

②调料：盐 8 g，葱花 20 g，姜片 10 g，花椒 6 g，辣椒 8 g，小茴香 5 g，红烧酱油 20 g。

4）工艺流程

①将羊肉剁成 4 cm 长的块状后，放入锅中氽水，撇去羊肉上的血沫。

②放入葱、姜、辣椒、花椒、茴香，再加入适量的盐，调制好后，改大火烧开，倒入高压锅内炖制 15 分钟后再焖制 5 分钟。

③锅内放少许底油，下葱花炝锅后，放入焖好的羊肉，再加入适量的汤汁煸炒，倒入红烧酱油调味上色，待汤汁浓稠时捞出装盘，再在上面撒上香菜即可。

5）菜肴特点

色泽娇红，口味咸鲜，肉质软烂焦香。

6）制作要求

对羊肉进行汆水时，一定要冷水下锅，保证羊肉的嫩度与鲜度；再次回锅时，最好加炖羊肉的原汤汁，出锅时一定要撒上香菜增加香味。

7）类似品种

和林炖羊肉、鄂尔多斯干蹦羊、干锅羊肉。

8）营养分析

香焖羊肉营养成分表见表3.10。

表 3.10　香焖羊肉营养成分表

项目	检验依据	营养指标（送检样品）
能量（kJ/100 g）	将每100 g香焖羊肉中蛋白质、脂肪、碳水化合物的测定值分别乘以能量系数17，37，17，将所得结果相加	1098.0
碳水化合物（g/100 g）	按公式（100－蛋白质的含量－脂肪的含量－水分的含量－灰分的含量－粗纤维的含量）计算	2.7
蛋白质（g/100 g）	GB 5009.5—2016	31.7
脂肪（g/100 g）	GB 5009.6—2016	13.6
钠（mg/100 g）	GB 5009.91—2017	277.7

9）保健功效

羊肉中含有优质蛋白质和多种矿物质。同时，羊肉中还含有左旋肉碱，这是其他动物所不具有的，左旋肉碱有抑制人体癌细胞生成的作用。羊肉属于温性食物，具有温补脾胃的作用，可用于治疗脾胃虚寒所致的反胃、身体瘦弱、畏寒等症状，也可降糖降脂，美容养颜，增强抵抗力，其做法多样，营养价值丰富。

3.11　赤峰锅包肉

菜肴简介：锅包肉是著名的东北菜，这道菜在赤峰也相当受欢迎，一般菜肴都讲究色、香、味、型，而赤峰锅包肉（图3.11）还要加个"声"，即咀嚼时，应发出类似吃爆米花时的那种声音。

图 3.11　赤峰锅包肉

1）烹调方法

炸烹。

2）菜肴命名

在主料前附以地名作为菜肴的名称。

3）烹调原料

①主料：猪里脊肉 300 g。

②配料：马铃薯淀粉 120 g，色拉油 1000 g。

③调料：酱油 30 g，陈醋 10 g，白糖 10 g，味精 5 g，食盐 5 g，花椒水 50 g，八角水 50 g，蒜末 20 g。

4）工艺流程

①将猪里脊肉切成长 8 cm、宽 3 cm、厚 0.3 cm 的薄片，放入盛器内，加入盐、马铃薯淀粉和水调成的水粉糊搅拌均匀。

②碗内放入酱油、陈醋、白糖、味精、盐、花椒水、八角水、蒜末等调料兑成调味汁。

③锅中放入色拉油，上火烧热至六成油温，再将猪里脊肉逐片下入油中炸熟捞出，

锅内留底油 10 g，待油温烧至 210 ℃时倒入主料复炸后沥出油，烹入事先调制好的味汁即可。

5）菜肴特点

色泽红亮，外酥脆里鲜嫩，口味咸鲜，微甜酸。

6）制作要求

给肉片挂浆是这道菜的关键；油温控制在六到七成，复炸使肉片外皮更加酥脆；为了便于操作，可将调料事先兑成碗汁，一次性倒入锅中，然后煮至黏稠进行裹汁。

7）类似品种

东北锅包肉、老家熘肉段。

8）营养分析

赤峰锅包肉营养成分表见表 3.11。

表 3.11　赤峰锅包肉营养成分表

项目	检验依据	营养指标（送检样品）
能量（kJ/100 g）	将每 100 g 赤峰锅包肉中蛋白质、脂肪、碳水化合物的测定值分别乘以能量系数 17，37，17，将所得结果相加	1302.0
碳水化合物（g/100 g）	按公式（100－蛋白质的含量－脂肪的含量－水分的含量－灰分的含量－粗纤维的含量）计算	6.3
蛋白质（g/100 g）	GB 5009.5—2016	40.4
脂肪（g/100 g）	GB 5009.6—2016	13.9
钠（mg/100 g）	GB 5009.91—2017	472.5

9）保健功效

猪精瘦肉能为人类提供优质蛋白质和必需的脂肪酸。猪肉可提供血红素（有机铁）和促进铁吸收的半胱氨酸，有助于改善缺铁性贫血。此道菜肴具有滋阴调理、健脾开胃、贫血调理等功效。

3.12　赤峰杀猪菜

　　菜肴简介： 赤峰杀猪菜（图3.12）起源于内蒙古东部地区的民间家庭，相传是当地居民每年在杀猪的这一天招待杀猪屠夫和亲朋好友吃的菜品，一直流传至今。赤峰地区的杀猪菜不同于其他东北地区的杀猪菜，那边以酸菜为主，而赤峰用被泡发的干白菜充分吸收肉的油脂，不干不腻，吃起来特别可口，轻微咀嚼后，满口都是肉香。

图 3.12　赤峰杀猪菜

1）烹调方法

炖。

2）菜肴命名

根据地名和原料及特色来命名。

3）烹调原料

①主料：干白菜 400 g，熟猪五花肉 200 g。

②配料：猪血肠 150 g。

③调料：盐 8 g，猪骨汤 1000 g。

4）工艺流程

①将干白菜切成 0.3 cm 粗的片洗净，将猪五花肉切成厚 0.2 cm、长 6 cm、宽 4 cm 的大薄片，将猪血肠切成 0.3 cm 厚的片。

②取一口砂锅，先放入猪骨汤、盐，再放入干白菜，在里面整齐地摆上猪五花肉和猪血肠，上锅炖 30 分钟即可。

5）菜肴特点

色泽自然，口味鲜咸，风味独特，造型美观。

6）制作要求

干白菜要清洗干净；用小火慢炖，炖制的时间至少控制在 30 分钟。

7）类似品种

大骨头炖酸菜、排骨炖酸菜。

8）营养分析

赤峰杀猪菜营养成分表见表 3.12。

表 3.12　赤峰杀猪菜营养成分表

项目	检验依据	营养指标（送检样品）
能量（kJ/100 g）	将每 100 g 赤峰杀猪菜中蛋白质、脂肪、碳水化合物的测定值分别乘以能量系数 17，37，17，将所得结果相加	1019.8
碳水化合物（g/100 g）	按公式（100 – 蛋白质的含量 – 脂肪的含量 – 水分的含量 – 灰分的含量 – 粗纤维的含量）计算	4.6
蛋白质（g/100 g）	GB 5009.5—2016	7.5
脂肪（g/100 g）	GB 5009.6—2016	22.0
钠（mg/100 g）	GB 5009.91—2017	369.0

9）保健功效

此道菜肴具有保持肠道正常生理功能的作用。

3.13 笨猪肉烩酸菜血肠

菜肴简介： 笨猪肉烩酸菜血肠（图 3.13）采用内蒙古东部地区农村自家养的猪肉为主要原料，辅以当地百姓腌制的酸菜，经过烹制后成为一道具有当地特色的菜肴。此菜在平常百姓家中制作最为频繁，特别是到冬季将自家养的笨猪宰杀后，将猪血灌制成血肠，同酸菜一起炖制，味道可谓香醇无比，深受百姓的喜爱。

图 3.13 笨猪肉烩酸菜血肠

1）烹调方法

炖。

2）菜肴命名

以主辅料加上烹调方法来作为菜肴的名称。

3）烹调原料

①主料：五花肉 500 g，酸菜 1000 g。

②配料：猪大骨 2000 g，猪血肠 300 g。

③调料：葱 10 g，姜 8 g，花椒面 5 g，大料面 8 g，盐 8 g，料酒 15 g，香叶 3 g，味精 5 g，十三香 5 g。

4）工艺流程

①将大骨头、整块五花肉炖熟，熬制成老汤。

②将酸菜切丝并清洗几遍，加入老汤中炖制，将五花肉切片并放入酸菜锅中，一起炖制1小时左右。

③将血肠切成厚片，放入酸菜锅中，小火炖制20分钟左右即可。

5）菜肴特点

酸菜酸脆、口味咸鲜、略感厚重、香味浓郁。

6）制作要求

先要炖制大骨头和五花肉，将其制作成老汤；最后放入血肠，且炖制的时间不能太长。

7）类似品种

排骨炖酸菜、小鸡炖酸菜。

8）营养分析

笨猪肉烩酸菜血肠营养成分表见表3.13。

表3.13　笨猪肉烩酸菜血肠营养成分表

项目	检验依据	营养指标（送检样品）
能量（kJ/100 g）	将每100 g笨猪肉烩酸菜血肠中蛋白质、脂肪、碳水化合物的测定值分别乘以能量系数17，37，17，将所得结果相加	1019.8
碳水化合物（g/100 g）	按公式（100－蛋白质的含量－脂肪的含量－水分的含量－灰分的含量－粗纤维的含量）计算	4.6
蛋白质（g/100 g）	GB 5009.5—2016	7.6
脂肪（g/100 g）	GB 5009.6—2016	22.1
钠（mg/100 g）	GB 5009.91—2017	369.0

9）保健功效

这道菜肴具有补肾养血、滋阴润燥、补虚损、健脾胃、养颜美容等功效。

3.14 肉丝炒阿尔山蕨菜

菜肴简介：蕨菜是采摘自阿尔山地区的纯山野菜，可鲜食，也可制成干制品涨发后食用。肉丝炒阿尔山蕨菜（图 3.14）营养价值较高，深受当地人的喜爱，是绿色无污染的上等佳肴。

图 3.14　肉丝炒阿尔山蕨菜

1）烹调方法

炒。

2）菜肴命名

以主料搭配地名和烹调方法作为菜肴的名称。

3）烹调原料

①主料：蕨菜 500 g，猪瘦肉 300 g。

②配料：青红椒各 20 g。

③调料：盐 6 g，鸡粉 5 g，花椒面 3 g，葱丝 10 g，姜丝 10 g，蒜丝 10 g，川椒段 3 g，

酱油 8 g。

4）工艺流程

①将蕨菜去根后用清水洗净，放入开水焯熟，再放入冷水中浸泡。

②将蕨菜切段、青红椒切丝、猪瘦肉切丝备用。

③锅内加油，待油热后加入肉丝、葱花、姜丝、蒜末，再加入花椒面、酱油，然后加入蕨菜，加盐翻炒均匀即可。

5）菜肴特点

色泽翠绿，口感滑嫩，清香味浓郁，口味鲜咸。

6）制作要求

蕨菜已熟，所以炒的时间不宜过长，应用大火快进、快出；肉丝可以上浆，也可以不上浆。

7）类似品种

青椒里脊丝、笋丝炒肉丝。

8）营养分析

肉丝炒阿尔山蕨菜营养成分表见表 3.14。

表 3.14　肉丝炒阿尔山蕨菜营养成分表

项目	检验依据	营养指标（送检样品）
能量（kJ/100 g）	将每 100 g 肉丝炒阿尔山蕨菜中蛋白质、脂肪、碳水化合物的测定值分别乘以能量系数 17，37，17，将所得结果相加	1019.8
碳水化合物（g/100 g）	按公式（100−蛋白质的含量−脂肪的含量−水分的含量−灰分的含量−粗纤维的含量）计算	4.6
蛋白质（g/100 g）	GB 5009.5—2016	7.6
脂肪（g/100 g）	GB 5009.6—2016	22.1
钠（mg/100 g）	GB 5009.91—2017	331.0

9）保健功效

蕨菜素对细菌有一定的抑制作用，可用于发热不退、肠风热毒、湿疹、疮疡等病症，具有良好的清热解毒、杀菌清火之功效，药补不如食补，蕨菜是纯天然无污染的绿色食物，应该多食用。

3.15　王小二大饼

菜点简介：王小二大饼（图3.15）是内蒙古的传统食品，又称吊炉大饼，由兴安盟已故回族厨师王小二创制。其制作方法是先以高筋面粉和水碱制成饼坯，然后用吊炉烤制，采用现在的工艺也可以烙制。

图 3.15　王小二大饼

1）烹调方法

烙。

2）菜肴命名

在主料前附以人名作为菜肴的名称。

3）烹调原料

①主料：高筋面粉 500 g。

②配料：碱 4 g，豆油 250 g（实耗 100 g）。

③调料：盐 5 g。

4）工艺流程

①将碱和盐用温水化开，把面粉放入盆内加 250 g 温水拌均匀，揉成面团，稍饧 5～6 分钟。用手蘸一点水，压一次面团，如此反复共进行 3 次，然后饧 20 分钟。

②将饧好的面团放在案板上，揉匀搓成直径 4 cm 的圆条，揪出 125 g 的剂子，把剂子搓成圆形小条按扁，再饧 20 分钟。

③将饧好的面剂放在刷过油的案板上，用擀面杖擀成大片，然后用左手拎起下端左角，接着用右手拎起右边的面用力向案板前方甩出，甩出薄如纸的面片，淋上油，用手拎起两头盘成饼，即成生坯。

④平锅烧热，加入豆油，因为该饼属于半煎半炸的品种，所以油量要多一些。油热时，将生坯逐个放入，拍成 4～5 寸圆的饼片，在热油中煎成金黄色即可。

5）菜肴特点

色泽金黄，质感暄软，面香味十足，口味略咸。

6）制作要求

面要反复按压，面要饧到位；烙制时油要多放一些。

7）类似品种

家常饼、黄金大饼。

8）营养分析

王小二大饼营养成分表见表 3.15。

表 3.15　王小二大饼营养成分表

项目	检验依据	营养指标（送检样品）
能量（kJ/100 g）	将每 100 g 王小二大饼中蛋白质、脂肪、碳水化合物的测定值分别乘以能量系数 17，37，17，将所得结果相加	1131.0
碳水化合物（g/100 g）	按公式（100－蛋白质的含量－脂肪的含量－水分的含量－灰分的含量－粗纤维的含量）计算	54.6
蛋白质（g/100 g）	GB 5009.5—2016	9.1

项目	检验依据	营养指标（送检样品）
脂肪（g/100 g）	GB 5009.6—2016	1.3
钠（mg/100 g）	GB 5009.91—2017	184.0

9）保健功效

面粉当中含有丰富的碳水化合物属于糖类，它能够在比较短的时间内为机体快速提供能量。在营养学范畴中，1 g碳水化合物能够产生约4000卡的热量，面粉中的碳水化合物的吸收率和利用率都比较高，能够有效为机体供能，以此来起到缓解疲劳的作用。此外，面粉中还含有植物蛋白质，其对补充机体的蛋白质、提高免疫力以及增加肌肉含量都发挥着积极的作用。

3.16 小笨鸡炖蘑菇粉条

菜肴简介：小笨鸡炖蘑菇粉条（图3.16）是当地较为有名的一道家常菜，菜肴原料选用当地养殖的笨鸡和阿尔山野生的榛蘑，再配以当地特产的干粉条，菜肴营养丰富，口味咸鲜，老少皆宜。

图3.16 小笨鸡炖蘑菇粉条

1）烹调方法

炖。

2）菜肴命名

以主辅料加上烹调方法来作为菜肴的名称。

3）烹调原料

①主料：土鸡 1 只约 1500 g。
②配料：干粉条 200 g，野生榛蘑 200 g（阿尔山特产）。
③调料：花生油 50 g，冰糖 10 g，料酒 15 g，酱油 10 g，胡椒粉 5 g，大料 5 g，姜片 5 g，葱段 10 g，盐 6 g。

4）工艺流程

①将鸡肉洗净并剁成块，将粉条用温水泡软。
②将榛蘑冲洗干净，将新鲜榛蘑用开水焯过后使用。
③将鸡肉凉水下锅，烧开后撇去浮沫，捞出来冲洗干净。
④锅内放少许油，放入冰糖慢慢加热至融化，待冰糖微微变红之后，放入鸡块翻炒，接着加入料酒和酱油翻炒均匀，填汤没过鸡块，再把鸡爪子放进去。
⑤加入胡椒粉和大料，再加入姜片和葱段，盖上锅盖，大火烧开后转中小火炖半小时。
⑥放入榛蘑再炖 10 分钟，放入泡好的粉条炖至软烂，加入适量盐调味。

5）菜肴特点

香味醇厚，色泽黄润，口味鲜咸。

6）制作要求

蘑菇要选用野生的榛蘑；粉条要选用干粉条；炖制的火候要足。

7）类似品种

猪肉炖粉条、红烧肉炖豆腐。

8）营养分析

小笨鸡炖蘑菇粉条营养成分表见表 3.16。

表 3.16　小笨鸡炖蘑菇粉条营养成分表

项目	检验依据	营养指标（送检样品）
能量（kJ/100 g）	将每 100 g 小笨鸡炖蘑菇粉条中蛋白质、脂肪、碳水化合物的测定值分别乘以能量系数 17，37，17，将所得结果相加	362.0
碳水化合物（g/100 g）	按公式（100 − 蛋白质的含量 − 脂肪的含量 − 水分的含量 − 灰分的含量 − 粗纤维的含量）计算	10.0
蛋白质（g/100 g）	GB 5009.5—2016	2.4
脂肪（g/100 g）	GB 5009.6—2016	4.5
钠（mg/100 g）	GB 5009.91—2017	140.0

9）保健功效

小笨鸡炖蘑菇粉条中的鸡肉鲜嫩，芳香可口，营养价值更高；常吃蘑菇可增强机体免疫力，防止过早衰老，有强身健体等功效。

3.17　阿尔山黑蚂蚁煎蛋

菜肴简介：阿尔山黑蚂蚁是有药、食两用价值的蚂蚁，其体内含有 70 多种营养成分，营养价值极高。在阿尔山黑蚂蚁煎蛋（图 3.17）这道菜肴中，黑蚂蚁和土鸡蛋完美结合制作成菜，深受食客青睐。

图 3.17　阿尔山黑蚂蚁煎蛋

1）烹调方法

煎。

2）菜肴命名

以主辅料加上烹调方法来作为菜肴的名称。

3）烹调原料

①主料：笨鸡蛋 250 g。

②配料：阿尔山黑蚂蚁 50 g。

③调料：葱花 20 g，色拉油 50 g，盐 6 g。

4）工艺流程

①将鸡蛋打散，放入葱花和盐搅拌均匀待用。

②将黑蚂蚁清洗干净，用开水烫一下捞出，再放入搅好的蛋液中。

③炒锅上火，用油将锅滑好，留底油，倒入蛋液，用小火煎至两面金黄，取出改刀呈长方形装盘即可。

5）菜肴特点

色泽金黄，口感微酸，爽滑油嫩，鲜香四溢。

6）制作要求

搅拌蛋液时要按顺时针搅拌，搅拌过程中不要出现气泡；蚂蚁需进行焯水处理，但是时间要短。

7）类似品种

虾仁煎蛋、生蚝煎蛋。

8）营养分析

阿尔山黑蚂蚁煎蛋营养成分表见表 3.17。

表 3.17　阿尔山黑蚂蚁煎蛋营养成分表

项目	检验依据	营养指标（送检样品）
能量（kJ/100 g）	将每 100 g 阿尔山黑蚂蚁煎蛋中蛋白质、脂肪、碳水化合物的测定值分别乘以能量系数 17，37，17，将所得结果相加	278.9

项目	检验依据	营养指标（送检样品）
碳水化合物（g/100 g）	按公式（100 - 蛋白质的含量 - 脂肪的含量 - 水分的含量 - 灰分的含量 - 粗纤维的含量）计算	17.0
蛋白质（g/100 g）	GB 5009.5—2016	19.5
脂肪（g/100 g）	GB 5009.6—2016	0.8
钠（mg/100 g）	GB 5009.91—2017	185.0

9）保健功效

蚂蚁具有补肾、健骨、抗衰老以及防治疾病等多种功能，它含有人体所需的营养成分，达20余种，还包括16种微量元素，其中锌的含量为190 mg/kg。黑蚂蚁具有抗炎、镇痛、抗风湿、解毒、镇静、平喘、护肝等药理作用，对阴虚、阳虚、血虚以及气血双亏等情况均可适用。它能够补肾精、壮肾阳、补益精髓、强健腰膝。其主要被用于治疗肾虚劳损，缓解腰膝酸痛、耳聋耳鸣、阳痿、遗精、早泄、宫冷不孕、带下清稀等症状。

3.18 焖牛排

菜肴简介：焖牛排（图3.18）是内蒙古中部的一道家常菜，主要以牛排为主料，佐以葱、姜、蒜以及其他调味品焖制而成。

图 3.18 焖牛排

1）烹调方法

焖。

2）菜肴命名

在主料前附加烹调方法以命名。

3）烹调原料

①主料：牛排 1000 g。

②调料：酱油 15 g，料酒 20 g，食用油 20 g，香油 5 g，胡椒粉 3 g，冰糖 30 g，葱段 25 g，姜片 25 g，草果 5 g，桂皮 5 g，香叶 3 g，花椒 5 g，大料 5 g。

4）工艺流程

①把牛排洗净，将其放入锅内热水中焯水，随后捞出牛排，再冲水沥干。

②在高压锅内放入食用油和麻油烧热，放入葱段、姜片，炒至姜片金黄。

③放入牛排翻炒几下，再放入酱油、胡椒粉、料酒、冰糖、葱段、姜片、草果、桂皮、香叶、花椒、大料等翻炒均匀。

④加入水至水位与牛排持平。

⑤盖上高压锅锅盖，先用大火压制 10 分钟，再转小火压制 30 分钟。

⑥时间到后放气开盖，倒入锅中，开大火把汁收干，最后淋上香油即可。

5）菜肴特点

色泽美观，口味鲜美，质感纯嫩，风味独特，营养丰富。

6）制作要求

应选用上等新鲜牛排；焖制时要用文火慢炖，不要过早停火；收汁时要快，以免造成局部肉块烧焦，从而影响口感。

7）类似品种

焖羊排、焖排骨。

8）营养分析

焖牛排营养成分表见表 3.18。

表 3.18　焖牛排营养成分表

项目	检验依据	营养指标（送检样品）
能量（kJ/100 g）	将每 100 g 焖牛排中蛋白质、脂肪、碳水化合物的测定值分别乘以能量系数 17，37，17，将所得结果相加	1241.0
碳水化合物（g/100 g）	按公式（100 − 蛋白质的含量 − 脂肪的含量 − 水分的含量 − 灰分的含量 − 粗纤维的含量）计算	5.7
蛋白质（g/100 g）	GB 5009.5—2016	32.3
脂肪（g/100 g）	GB 5009.6—2016	16.4
钠（mg/100 g）	GB 5009.91—2017	598.0

9）保健功效

牛肉中富含维生素 B_6。人体对蛋白质需求量越大，饮食中所应该增加的维生素 B_6 就越多。牛肉中含有足够的维生素 B_6，有助于增强免疫力，促进蛋白质的新陈代谢和合成，从而有助于紧张训练后身体的状态恢复。

3.19　羊血肠

菜肴简介：内蒙古羊血肠（图 3.19）以羊血为主要原料。在内蒙古地区，由于羊血一般不单吃，因此人们会把羊血灌入小肠内煮熟后食用。羊血肠为蒙古族地区特有的食品，又香又嫩，十分解馋，别有风味。

1）烹调方法

煮。

2）菜肴命名

将主料作为菜肴的名称。

图 3.19　羊血肠

3）烹调原料

①主料：羊血 1500 g。

②配料：羊肠一副，荞面或白面 500 g，包肚油 100 g（切末）。

③调料：葱末 30 g，姜末 30 g，蒜末 15 g，香菜末 15 g，花椒面 10 g，干姜面 15 g，食用盐 6 g。

4）工艺流程

①将羊肠清洗干净，留作备用。

②对羊血进行过滤，并与荞麦面粉或面粉混合，然后加入其他调料，以及加入切成末的包肚油。

③把羊肠的一头系紧，把漏斗接在另一端，并灌入馅料。

④将灌好馅料的羊肠与调料一并放入锅中，小火慢煮 30 分钟。

⑤水烧开后 5 ～ 6 分钟，用牙签扎孔放气，每间隔 5 分钟放气一次。

5）菜肴特点

制作精细，调料味美，口感鲜润爽口，回味醇香无比。

6）制作要求

应将羊肠清洗干净；开小火慢煮；注意放气。

7）类似品种

东北猪血肠。

8）营养分析

羊血肠营养成分表见表 3.19。

表 3.19　羊血肠营养成分表

项目	检验依据	营养指标（送检样品）
能量（kJ/100 g）	将每 100 g 羊血肠中蛋白质、脂肪、碳水化合物的测定值分别乘以能量系数 17，37，17，将所得结果相加	1596.0

续表

项目	检验依据	营养指标（送检样品）
碳水化合物（g/100 g）	按公式（100−蛋白质的含量−脂肪的含量−水分的含量−灰分的含量−粗纤维的含量）计算	9.6
蛋白质（g/100 g）	GB 5009.5—2016	10.0
脂肪（g/100 g）	GB 5009.6—2016	34.4
钠（mg/100 g）	GB 5009.91—2017	638.0

9）保健功效

羊血还可被用于各种内出血、外伤出血的食疗，主治妇女血虚中风、产后血瘀、胎衣不下，可解野菜中毒。

3.20 羊肉肠

菜肴简介： 羊肉肠（图 3.20）是将腌制好的羊肉灌入羊的肥肠中，然后经过煮制使其成熟，其品质软嫩，味道咸香，肉感醇厚，食用方便。

图 3.20 羊肉肠

1）烹调方法

煮。

2）菜肴命名

将主料作为菜肴的名称。

3）烹调原料

①主料：羊肠子一副，羊里脊肉 200 g，羊脖子肉 300 g。
②调料：葱花 15 g，姜粉 10 g，花椒面 10 g，食用盐 6 g，食用油 30 g。

4）工艺流程

①将羊肠清洗干净。
②将调料和羊肉切碎。
③取羊里脊肉两条，以及脖子上的肉一块，用葱、姜粉、花椒面、食用盐腌制入味。
④将腌制好的肉切成蚕豆大小的块状，然后加入其他调料以及食用油。
⑤把羊肠的一头系紧，把漏斗接在另一端，并灌入馅料。
⑥将灌好馅料的羊肠与调料一并加入锅中，小火慢煮 40 分钟。

5）菜肴特点

品质软嫩，味道咸香，肉感醇厚，食用方便。

6）制作要求

应将羊肠清洗干净；腌制羊肉的时间不宜太短。

7）类似品种

蒜肠、血肠、米肠。

8）营养分析

羊肉肠营养成分表见表 3.20。

表 3.20 羊肉肠营养成分表

项目	检验依据	营养指标（送检样品）
能量（kJ/100 g）	将每 100 g 羊肉肠中蛋白质、脂肪、碳水化合物的测定值分别乘以能量系数 17，37，17，将所得结果相加	667.0

续表

项目	检验依据	营养指标（送检样品）
碳水化合物（g/100 g）	按公式（100 - 蛋白质的含量 - 脂肪的含量 - 水分的含量 - 灰分的含量 - 粗纤维的含量）计算	2.7
蛋白质（g/100 g）	GB 5009.5—2016	20.7
脂肪（g/100 g）	GB 5009.6—2016	7.4
钠（mg/100 g）	GB 5009.91—2017	598.0

9）保健功效

羊肠可以保护肠胃，羊肠性热，可用于预防胃寒病和缓解哮喘的症状。羊肠含有丰富的蛋白质和多种矿物质，能增强肠道功能，促进排便。

3.21 石头烤肉

菜肴简介：石头烤肉（图 3.21）是利用羊肉和火山石共同烹制而成，其成菜风味别致，具有浓而不腻、肉汁四溢、口感饱满、回味悠长、软嫩滑爽的特点。

图 3.21 石头烤肉

1）烹调方法

烤。

2）菜肴命名

在主料前附加烹调方法以命名。

3）烹调原料

①主料：羊肉 750 g。

②配料：土豆适量，洋葱适量，胡萝卜适量。

③调料：胡椒粉 10 g，小茴香粉 10 g，葱段 20 g，姜片 20 g，花椒粉 10 g，酱油 25 g，食用盐 6 g，芝麻油 3 g。

4）工艺流程

①将羊肉切成边长为 2 cm 的方块，放入容器内，加入葱段、姜片、花椒粉、胡椒粉、小茴香粉、酱油、食用盐、芝麻油等搅拌均匀，腌制 30 分钟。

②取 2000 g 火山石上火烧红。

③将一层烧红的火山石、一层羊肉交替放入高压锅内，盖好锅盖，小火加热 10 分钟即成。

5）菜肴特点

浓而不腻，肉汁四溢，口感饱满，回味悠长，软嫩滑爽。

6）制作要求

石头温度一定要够高。

7）类似品种

石板烤肉。

8）营养分析

石头烤肉营养成分表见表 3.21。

表 3.21　石头烤肉营养成分表

项目	检验依据	营养指标（送检样品）
能量（kJ/100 g）	将每 100 g 石头烤肉中蛋白质、脂肪、碳水化合物的测定值分别乘以能量系数 17，37，17，将所得结果相加	1715.3

项目	检验依据	营养指标（送检样品）
碳水化合物（g/100 g）	按公式（100－蛋白质的含量－脂肪的含量－水分的含量－灰分的含量－粗纤维的含量）计算	14.7
蛋白质（g/100 g）	GB 5009.5—2016	15.5
脂肪（g/100 g）	GB 5009.6—2016	30.6
钠（mg/100 g）	GB 5009.91—2017	75.4

9）保健功效

石头具有受热均匀、快速吸水吸油、质轻、吸附能力强、耐高温、除味等特性。食材中的矿物质和微量元素也对人体有益。

3.22 烤全羊

菜肴简介： 烤全羊（图 3.22）是将带皮整羊腌制后平铺在烤架上固定好，再用炭火烤制而成的菜肴。成菜外表金黄油亮，外部肉焦黄发脆，内部肉绵软鲜嫩，羊肉味清香扑鼻，颇为适口，别具一格。

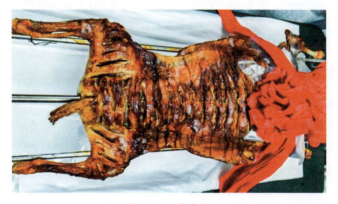

图 3.22 烤全羊

1）烹调方法

烤。

2）菜肴命名

在主料前附加烹调方法以命名。

3）烹调原料

①主料：羔羊 15 kg。

②调料：葱段 50 g，姜片 100 g，精盐 100 g，花椒 20 g，酱油 40 g，小茴香 40 g，香油 30 g，烧烤酱 200 g。

4）工艺流程

①将羊宰杀，用开水烧烫全身，趁热煺净毛，取出内脏，并刮洗干净，然后在羊腿内侧肉较厚的地方用尖刀深入切出一个刀口，以便腌制时入味。在羊腹内放入葱段、姜片、花椒、大料、小茴香末，并用精盐搓擦入味，同时在羊腿内侧的刀口处，用调料和盐涂抹以便入味。

②将羊放入事先准备好的容器和调料水中腌制 4～5 小时。腌制好后将羊取出并控去表面的调料水，准备烤羊前的固定工作。

③将腌制好的羊平铺在烤架上，将四肢用铁丝绑于烤架四角，然后固定羊的整体大致位置，绑的时候可以垫上适量锡纸，这样便不会破坏最终烤品的美观。四肢固定好后，再固定羊脊柱，为了保证羊在烤架上的稳定，至少沿羊脊柱固定三到四个位置。固定完脊柱后，将羊排向外拉伸至平，固定在烤羊拍子上，最后刷上香油。

④将羊挂入专用烤全羊炉后，将旋转开关打开，调整转速，让羊均匀平稳地在炉内旋转。时刻关注温度，将温度控制在 200～300 ℃。如果温度过高，就关闭风机，并适当地打开炉门以迅速降温；如果温度过低，就打开风机；如果烤制时间很长，还要保证碳量的充足。切记保持水槽水量充足。

5）菜肴特点

外表金黄油亮，外部肉焦黄发脆，内部肉绵软鲜嫩，羊肉味清香扑鼻，颇为适口，别具一格。

6）制作要求

烤全羊的燃料最好选用由果木或落叶松木屑制成的机制木炭，其制作工艺主要是先将木屑经机器高温、高压成型，再送入炭化炉内进行炭化。

7）类似品种

烤羊腿。

8）营养分析

烤全羊营养成分表见表 3.22。

表 3.22 烤全羊营养成分表

项目	检验依据	营养指标（送检样品）
能量（kJ/100 g）	将每 100 g 烤全羊中蛋白质、脂肪、碳水化合物的测定值分别乘以能量系数 17，37，17，将所得结果相加	889.0
碳水化合物（g/100 g）	按公式（100－蛋白质的含量－脂肪的含量－水分的含量－灰分的含量－粗纤维的含量）计算	0.4
蛋白质（g/100 g）	GB 5009.5—2016	29.5
脂肪（g/100 g）	GB 5009.6—2016	10.4
钠（mg/100 g）	GB 5009.91—2017	296.8

9）保健功效

这道菜肴具有温补脾胃、温补肝肾、补血温经的功效，能够保护胃黏膜、补肝明目，还能增加人体在高温环境下的抗病能力，起到健脑益智、保护肝脏、防治动脉硬化、预防癌症以及延缓衰老、美容护肤的作用。

3.23 四子王旗焖羊肉

菜肴简介：四子王旗大部分属于牧区，盛产牛羊，其味鲜美。四子王旗焖羊肉（图 3.23）是草原人民针对其他民族以及外地人不习惯手抓肉吃法而专门炮制的美食，深受大众喜爱。焖羊肉也是目前很盛行的吃法，四子王旗焖羊肉是宴请宾客、欢度节日时的一道美味佳肴。

图 3.23　四子王旗焖羊肉

1）烹调方法

焖。

2）菜肴命名

主料前附以地域及烹调方法作为菜肴的名称。

3）烹调原料

①主料：带骨羊肉 500 g。

②调料：葱花 5 g，葱段 10 g，蒜米 10 g，酱油 10 g，老抽 5 g，姜 10 g，味精 8 g，花椒 8 g，干辣椒 3 g，白糖 3 g，食用盐 6 g，小茴香 8 g。

4）工艺流程

①将羊肉洗净，将其切成直径为 4 cm 的方块，然后冷水下锅，烧开，撇去浮沫。

②放入葱段、姜片、蒜颗、酱油、老抽、花椒、干辣椒，开大火再次烧开后，改小火加盖焖制半小时左右（可根据羊肉的老嫩增减时间），然后加入食用盐，继续加盖焖制。

③待羊肉焖制 1 小时左右，剩余五分之一汤汁时，改中火收汁，最后只剩油汁时关火，将羊肉盛入盘内，撒上葱花即可上桌。

5）菜肴特点

色泽金红油润，肥而不腻，口味咸鲜。

6）制作要求

羊肉选用肥瘦相间的部位为佳；焖制的时间和火候要控制好；加盐的时机和数量一定要把握好。

7）类似品种

红焖羊肉、炖羊肉。

8）营养分析

四子王旗焖羊肉营养成分表见表 3.23。

表 3.23　四子王旗焖羊肉营养成分表

项目	检验依据	营养指标（送检样品）
能量（kJ/100 g）	将每 100 g 四子王旗焖羊肉中蛋白质、脂肪、碳水化合物的测定值分别乘以能量系数 17，37，17，将所得结果相加	1079.0
碳水化合物（g/100 g）	按公式（100 - 蛋白质的含量 - 脂肪的含量 - 水分的含量 - 灰分的含量 - 粗纤维的含量）计算	2.5
蛋白质（g/100 g）	GB 5009.5—2016	30.3
脂肪（g/100 g）	GB 5009.6—2016	12.6
钠（mg/100 g）	GB 5009.91—2017	268.0

9）保健功效

羊肉性温热，具有一定的滋补作用。在寒冷的天气里食用四子王旗焖羊肉，能够温暖脾胃、补肾壮阳，其温热的性质可以促进人体的血液循环，帮助人体抵御寒冷。羊肉中含有的维生素 B_{12} 对于维护神经系统的健康和正常功能起着关键作用。同时，维生素 B_{12} 还能在红细胞的形成过程中起到重要作用，有助于维持血液的正常功能。

3.24　卓资山熏鸡

菜肴简介： 卓资山熏鸡（图 3.24）是内蒙古自治区乌兰察布市卓资县的一道传统名

食，该菜品在制作加工方面有近百年的历史，是全国三大名鸡之一。其以个大体肥、色泽红润、味道鲜美、肉质细嫩而闻名于华北各省，与当地乌素图的风水、隆盛庄的社火、百灵庙的百灵合称"塞外四宝"。2019 年 12 月 17 日，卓资山熏鸡被正式纳入"全国名特优新农产品名录"。

图 3.24　卓资山熏鸡

1）烹调方法

熏。

2）菜肴命名

以主料搭配地名和烹调方法作为菜肴的名称。

3）烹调原料

①主料：白条整鸡 1 只约 1500 g。

②配料：陈年煮鸡老汤 1000 g。

③调料：葱段 25 g，食盐 50 g，花椒 10 g，干姜 5 g，八角 50 g，丁香 3 g，小茴香 5 g，桂皮 5 g，香叶 4 片，草果 4 g，酱油 10 g，料酒 10 g，肉蔻 10 g，干辣椒 10 g，香油 30 g，白糖 50 g，柏（果）木末 30 g，小米 20 g。

4）工艺流程

①将白条鸡清洗干净，并放入凉水锅内，烧开焯水后捞出。

②在锅内放入陈年煮鸡老汤和清水稀释后，放入料包（将八角、花椒、桂皮、白蔻、

白芷、小茴香、丁香、干辣椒、干姜、肉蔻、香叶、良姜、草果用纱布包好）、食用盐、酱油、料酒、葱段，再放入整鸡，开大火烧开后，改小火焖煮 3 小时直至成熟。

③将煮熟的鸡捞出，放入装有白糖、柏（果）木末、小米的熏锅内熏 3 分钟，然后取出刷上香油即成。

5）菜肴特点

色泽红润油亮，熏香味扑鼻，肉质软烂，味道鲜美浓香。

6）制作要求

陈年煮鸡老汤的调制要恰当；应掌握好熏制的时间和火候。

7）类似品种

山东德州扒鸡、河南道口烧鸡。

8）营养分析

卓资山熏鸡营养成分表见表 3.24。

表 3.24　卓资山熏鸡营养成分表

项目	检验依据	营养指标（送检样品）
能量（kJ/100 g）	将每 100 g 卓资山熏鸡中蛋白质、脂肪、碳水化合物的测定值分别乘以能量系数 17，37，17，将所得结果相加	1055.0
碳水化合物（g/100 g）	按公式（100−蛋白质的含量−脂肪的含量−水分的含量−灰分的含量−粗纤维的含量）计算	5.5
蛋白质（g/100 g）	GB 5009.5—2016	22.4
脂肪（g/100 g）	GB 5009.6—2016	15.7
钠（mg/100 g）	GB 5009.91—2017	2203.0

9）保健功效

鸡肉含有丰富的蛋白质，其脂肪中含不饱和脂肪酸，故是老年人和心血管疾病患者较好的蛋白质食品。对体质虚弱、病后或产后人群而言，食用鸡肉或鸡汤作补品食用更为适宜。母鸡脂肪含量较高，肉中的鲜味物质容易溶于汤中，由此炖出来的鸡汤味道鲜美。母鸡性属阴，滋补效果平和、缓慢，适合产妇、年老体弱者食用。

3.25 凉城烩豆腐

菜肴简介：豆腐是农村老百姓获取蛋白质的重要途径。凉城烩豆腐（图3.25）是用当地加工的豆腐制作而成的一道美食，深受当地老百姓的喜爱。这道菜历经发展演变，现在也登上了中型饭店的餐桌，食客络绎不绝。

图 3.25 凉城烩豆腐

1）烹调方法

烩。

2）菜肴命名

以主料搭配地名和烹调方法作为菜肴的名称。

3）烹调原料

①主料：豆腐400 g。

②配料：五花肉50 g，黄豆芽30 g，细粉条30 g，红尖椒10 g，韭菜段10 g（韭菜段要根不要叶，叶子尽量少放），水淀粉5 g。

③调料：葱末5 g，姜末5 g，蒜末5 g，郫县豆瓣酱6 g，十三香3 g，食用盐3 g，鸡

粉 2 g，白糖 2 g，酱油 6 g，芝麻油 3 g。

4）工艺流程

①将豆腐改刀成边长 3 cm 大小的菱形片，红尖椒切成菱形片，五花肉切片待用。

②将豆腐下入油锅炸至金黄色后捞出待用。

③将黄豆芽和细粉条焯水备用。

④炒锅上火，加底油，然后放入五花肉片煸炒至变色，接着加入郫县豆瓣酱炒出红油，然后放入葱姜蒜末爆香，放入十三香、酱油后加入清水一勺。

⑤放入豆腐、豆芽、细粉条、红尖椒，再放入食用盐、鸡粉、白糖，调好口味后开小火加热，待汤汁剩三分之一时放入韭菜段略微烧制，然后用水淀粉勾芡，随后淋上香油即可出锅装盘。

5）菜肴特点

口味咸鲜微辣，口感软嫩细腻。

6）制作要求

提前用水煮豆腐可去掉碱味；为了防止豆腐粘锅糊底，又不破坏豆腐形态，可以端起炒锅用力晃动，让豆腐在汤汁中均匀煮透。

7）类似品种

红烧豆腐、酱烧豆腐。

8）营养分析

凉城烩豆腐营养成分表见表 3.25。

表 3.25　凉城烩豆腐营养成分表

项目	检验依据	营养指标（送检样品）
能量（kJ/100 g）	将每 100 g 凉城烩豆腐中蛋白质、脂肪、碳水化合物的测定值分别乘以能量系数 17，37，17，将所得结果相加	457.0
碳水化合物（g/100 g）	按公式（100 - 蛋白质的含量 - 脂肪的含量 - 水分的含量 - 灰分的含量 - 粗纤维的含量）计算	9.5

续表

项目	检验依据	营养指标（送检样品）
蛋白质（g/100 g）	GB 5009.5—2016	2.8
脂肪（g/100 g）	GB 5009.6—2016	6.7
钠（mg/100 g）	GB 5009.91—2017	458.0

9）保健功效

豆腐是我国素食菜肴的主要原料，被称为"植物肉"。豆腐基本保留了黄豆的所有营养成分，因此豆腐的营养价值极高。豆腐可起到补钙、促进脑部发育、改善更年期综合征、预防心血管疾病、补充营养等作用。豆腐中含有的蛋白酶抑制素、植物固醇、大豆皂苷等成分都有抑制癌细胞增殖的作用，经常吃豆腐可降低乳腺癌、胃癌、结肠癌的发生概率。

3.26 烤羊腿

图 3.26 烤羊腿

菜肴简介： 烤羊腿（图 3.26）是草原人民招待宾客的一道佳肴名菜。烤羊腿是从烤全羊中演变而来的。经过长期发展，在羊腿烘烤过程中逐步增加了各种配料和调味品，使其形、色、味、鲜集于一体，色美、肉香、外焦、内嫩、干酥不腻，被人们赞为"眼未见其物，香味已扑鼻。"

1）烹调方法

烤。

2）菜肴命名

在主料前附加烹调方法以命名。

3）烹调原料

①主料：羊后腿 1500 g。

②配料：胡萝卜 200 g，葱头 200 g，芹菜 200 g，沙葱 200 g，饴糖稀释液 300 g。

③调料：盐 50 g，椒盐 50 g，料酒 100 g，葱段、姜片各 100 g。

4）工艺流程

①将羊腿用清水洗净，修剪整齐，去掉多余脂肪，表面剞 3 cm 见方的菱形花刀。

②在刀口处涂抹盐、姜、大葱，塞入沙葱，腌制 120 分钟。

③将烤炉加热至 220 ℃，在烤盘内放入胡萝卜、洋葱、芹菜，再放入腌制好的羊腿，烤制 20 分钟。

④将烤炉内温度降至 180 ℃，烤制 90 分钟。

⑤取出羊腿，用饴糖稀释液将羊腿表皮涂抹均匀。

⑥将烤炉温度提升至 200 ℃，放入羊腿，再烤制 20 分钟出炉。

⑦将烤熟的羊腿整体（或将羊腿肉剔出，带皮切割成片状）盛放在盛器中，最好选用长 50 cm、宽 30 cm、高 6 cm 的木质红漆且绘有蒙古族吉祥图案的长方形盘。

5）菜肴特点

色泽金黄，皮酥烂，肉软嫩，口味咸鲜。

6）制作要求

注意羊腿的腌制时间；应掌握好烤制羊腿的时间、火候。

7）类似品种

传统烤羊肉、风味烤牛排、烤羊排。

8）营养分析

烤羊腿营养成分表见表 3.26。

表 3.26　烤羊腿营养成分表

项目	检验依据	营养指标（送检样品）
能量（kJ/100 g）	将每 100 g 烤羊腿中蛋白质、脂肪、碳水化合物的测定值分别乘以能量系数 17，37，17，将所得结果相加	1026.0
碳水化合物（g/100 g）	按公式（100 − 蛋白质的含量 − 脂肪的含量 − 水分的含量 − 灰分的含量 − 粗纤维的含量）计算	0.2

续表

项目	检验依据	营养指标（送检样品）
蛋白质（g/100 g）	GB 5009.5—2016	28.4
脂肪（g/100 g）	GB 5009.6—2016	14.6
钠（mg/100 g）	GB 5009.91—2017	164.2

9）保健功效

羊骨棒中的营养价值非常丰富，里面还有大量的碳酸钙，这种碳酸钙摄入人体之后可以有效地增强骨骼的强度、降低骨质疏松发生的概率。而且这种羊骨棒中的胶原蛋白和弹力蛋白也比较多，可以美白皮肤，并且可以增加骨骼弹性，对一些老年骨质疏松患者有一定的辅助治疗作用。适量地吃一些羊骨棒还可以补肾壮阳。

3.27 红焖羊肉

菜肴简介：红焖羊肉（图 3.27），以肉嫩、味鲜、汤醇、价廉而深受各路食客的好评，很快便风靡牧野。在最鼎盛的 1995 年到 2007 年，新乡、郑州等地更是出现了"红焖炊烟浩荡处，今日早市没有羊"的奇特景观。

图 3.27　红焖羊肉

1）烹调方法

红焖。

2）菜肴命名

主料前加上烹调方法来命名。

3）烹调原料

①主料：带骨羊肉 500 g。

②配料：色拉油 1000 g、鲜汤 1500 g。

③调料：白糖 3 g、酱油 10 g、花椒 8 g、小茴香 8 g、食用盐 6 g、料酒 15 g、香叶 3 g、葱段 10 g、姜片 10 g。

4）工艺流程

①将带骨羊肉改刀成 4 cm 见方的块待用。

②锅内倒入色拉油，加热至 150 ℃时，将带骨羊肉放入锅中走油后捞出。

③锅内留底油，加热至 80 ℃时，加入花椒、葱、姜炝锅，再加入鲜汤、食用盐、白糖、花椒、小茴香、料酒、酱油、香叶和走油后的羊肉块。

④汤烧开后撇去浮沫，小火加盖焖制羊肉 90 分钟，待熟烂剩油汁时即可出锅装盘。

5）菜肴特点

色泽金红，肉质软烂、口味咸鲜。

6）制作要求

焖制时间的掌控；为了彻底去除羊肉的膻腥味，还可适当加大香料的用量。

7）类似品种

四子王旗焖羊肉、香焖羊肉等。

8）营养分析

红焖羊肉营养成分表见表 3.27。

表 3.27　红焖羊肉营养成分表

项目	检验依据	营养指标（送检样品）
能量（kJ/100 g）	将每 100 g 红焖羊肉中蛋白质、脂肪、碳水化合物的测定值分别乘以能量系数 17，37，17，将所得结果相加	1099.0

续表

项目	检验依据	营养指标（送检样品）
碳水化合物（g/100 g）	按公式（100－蛋白质的含量－脂肪的含量－水分的含量－灰分的含量－粗纤维的含量）计算	2.7
蛋白质（g/100 g）	GB 5009.5—2016	31.7
脂肪（g/100 g）	GB 5009.6—2016	13.7
钠（mg/100 g）	GB 5009.91—2017	275.0

9）保健功效

羊肉性温，冬季常吃羊肉，不仅可以增加人体热量，抵御寒冷，而且还能增加消化酶，保护胃壁，修复胃黏膜，帮助脾胃消化，起到抗衰老的作用。羊肉营养丰富，对肺结核、气管炎、哮喘、贫血、产后气血两虚、腹部冷痛、体虚畏寒、营养不良、腰膝酸软、阳痿、早泄以及一切虚寒病症均有很大裨益；具有补肾壮阳、补虚温中等作用。

3.28 过油肉

菜肴简介：过油肉（图3.28）是山西省著名的传统菜肴，经历代厨师精心烹制相传至今，号称"三晋一味"。其起源有多种说法，各地的做法也不一，较著名的有大同、太原、阳泉、晋城的过油肉。后来过油肉随着走西口传入内蒙古境内，经过改良，在老百姓中的口碑也是极佳的，后来结合内蒙古的特产土豆，衍生出了"过油肉土豆片"，经久不衰。

图3.28 过油肉

1）烹调方法

滑熘。

2）菜肴命名

在主料前附加烹调方法以命名。

3）烹调原料

①主料：猪里脊肉 200 g。

②配料：冬笋 20 g，木耳（水发）15 g，青椒 30 g，淀粉（蚕豆）20 g，鸡蛋 30 g。

③调料：大蒜 5 g，香醋 3 g，小葱 10 g，酱油 15 g，老抽 3 g，姜 3 g，盐 2 g，料酒 5 g，味精 3 g，香油 10 g，色拉油 500 g。

4）工艺流程

①将扁担肉（里脊肉）去薄膜、白筋和脂油，横放在砧板上，用平刀下片法把原料片成 0.3 cm 厚的长方片，然后平放在砧板上，再用直刀斜切成长 6.6 cm、宽 4 cm 的斜方形片，把切好的肉片放到碗中，然后加盐、味精、料酒、蛋液、老抽拌匀，腌制半小时。

②将冬笋削皮，洗净，切成与肉片同样大小的片；将青椒洗净，切成与肉片同样大小的片；将水发木耳摘蒂，洗净，将大片切小；将大葱去掉根须，洗净，切成青豆大小；将姜去皮，切成姜米；将蒜瓣去蒂，切成薄片。

③把冬笋片和青椒片焯一下，用清水过凉，放入大碗中，再加入木耳，将料酒、味精、酱油、湿淀粉调成芡粉汁。

④炒锅上旺火，放入色拉油，烧至五成热时下入腌制好的肉片，迅速用筷子拨散，滑 10 ～ 15 秒，倒入漏勺内控油。

⑤再将炒锅放回火上，加入底油，放入葱片、姜末、蒜片炒出香味，倒入过好油的肉片和配料，先烹醋，再倒入调好的芡粉汁，颠翻炒匀，明油即可出锅。

5）菜肴特点

色泽金黄鲜艳，味道咸鲜，闻有醋意，质感外软里嫩，油明亮芡。

6）制作要求

油温 165 ℃左右时过油最佳；肉片深浸的时间要充足；醋要烹得适时、适度、适量；烹制此菜时必须用洁净的熟猪板油。

7）类似品种

过油肉蒜薹、过油肉土豆片。

8）营养分析

过油肉营养成分表见表 3.28。

表 3.28　过油肉营养成分表

项目	检验依据	营养指标（送检样品）
能量（kJ/100 g）	将每 100 g 过油肉中蛋白质、脂肪、碳水化合物的测定值分别乘以能量系数 17，37，17，将所得结果相加	695.0
碳水化合物（g/100 g）	按公式（100 - 蛋白质的含量 - 脂肪的含量 - 水分的含量 - 灰分的含量 - 粗纤维的含量）计算	1.8
蛋白质（g/100 g）	GB 5009.5—2016	15.6
脂肪（g/100 g）	GB 5009.6—2016	16.0
钠（mg/100 g）	GB 5009.91—2017	283.6

9）保健功效

过油肉中的铁元素有助于预防缺铁性贫血，提高血液的携氧能力。配料中的木耳含有丰富的膳食纤维，它可以促进肠道蠕动，预防便秘。

3.29　新派葱爆羊肉

菜肴简介："葱爆羊肉"是一道传统的历史名菜，但由于其在选料、烹制、调味等工艺上略有失当，这不仅影响了成品质量，而且食者无法接受其质老、色重、味淡等特性。新派葱爆羊肉（图 3.29）则有效解决了传统做法中质老、色重、味淡的问题。此道菜肴选用内蒙古锡林郭勒草原的羊肉和草原沙葱，成菜色彩艳丽美观，质感滑嫩鲜香，口味葱香浓郁，营养丰富，得到众多食者的好评，其不仅适合宾馆、饭店烹制，而且适合家庭操作。

图 3.29　新派葱爆羊肉

1）烹调方法

滑炒。

2）菜肴命名

在主料前附加烹调方法以命名。

3）烹调原料

①主料：精羊肉 200 g。
②配料：沙葱 100 g，枸杞 30 g。
③调料：精盐 6 g，蛋白 25 g，味精 5 g，鲜姜 6 g，醋 10 g，花椒 3 g，小茴香汁 10 g，料酒 10 g（老抽 6 g，如制作白色的菜品可不加），淀粉 30 g，食用油 50 g。

4）工艺流程

①将羊肉顶刀切成长 8 cm、宽 5 cm、厚 0.2 cm 的长方片，放入碗内，加入蛋白、盐淀粉搅拌均匀并上好浆；将大葱切成滚刀段，鲜姜切末，枸杞用水泡好，然后把盐、味精、花椒、小茴香汁放入碗内兑成调味汁备用（一是方便操作，可缩短加热时间；二是可准确掌握口味）。

②锅内放入油，烧至三到四成热时，下入肉片滑油断生，捞出控净油（也可利用川菜的小煎、小炒的方法将羊肉断生）。然后在锅内放入底油 10 g，下葱、姜炒出香味后，再下羊肉，烹醋，烹料酒，边翻炒边淋上兑好的调味清汁，同时加入枸杞，最后淋明油装盘即成。

5）菜肴特点

色彩艳丽美观，质感滑嫩鲜香，口味鲜咸，葱香浓郁，营养丰富。

6）制作要求

选择好羊肉；上浆要薄一些；加热时间要短，加快烹制，断生即可；炒葱时火不宜太大，更不能炒煳；一般多用清汁，但也可加入少量的淀粉；用油量要小，以免太腻。

7）类似品种

葱爆羊肉、火爆羊三样、孜然羊肉。

8）营养分析

新派葱爆羊肉营养成分表见表 3.29。

表 3.29　新派葱爆羊肉营养成分表

项目	检验依据	营养指标（送检样品）
能量（kJ/100 g）	将每 100 g 新派葱爆羊肉中蛋白质、脂肪、碳水化合物的测定值分别乘以能量系数 17，37，17，将所得结果相加	109.0
碳水化合物（g/100 g）	按公式（100 - 蛋白质的含量 - 脂肪的含量 - 水分的含量 - 灰分的含量 - 粗纤维的含量）计算	2.3
蛋白质（g/100 g）	GB 5009.5—2016	18.0
脂肪（g/100 g）	GB 5009.6—2016	4.0
钠（mg/100 g）	GB 5009.91—2017	920.0

9）保健功效

羊肉性温味甘，有益气补虚、温中暖下、补肾壮阳、生肌健力、抵御风寒之功效；大葱对预防包括胃癌在内的多种癌症有一定作用，且具有显著的抵御细菌、病毒的能力。

3.30　草原烤猪方

菜肴简介：烤猪方是内蒙古烹饪"泰斗"吴明大师在 20 世纪 40 年代在绥远将军衙署为傅作义、董其武所创作的一道烤菜，被称为内蒙古烤菜之魁首、蒙餐第一菜，开创了新型烤菜之先河。猪肉选用内蒙古锡林郭勒草原苏尼特 1 岁猪，其肉质肥嫩、味道鲜美、营养价值高。草原烤猪方（图 3.30）既是内蒙古地方特色菜品，也是呼和浩特非物质文化遗产"吴氏家宴"的代表菜品。

图 3.30　草原烤猪方

1）烹调方法

烤。

2）菜肴命名

在主料前附加烹调方法以命名。

3）烹调原料

①主料：带肋骨的猪肉 1000 g。

②配料：鸡蛋 250 g，淀粉 150 g，黄瓜 50 g，心里美 50 g，葱丝 50 g，面粉 150 g，荷叶饼 10 张。

③调料：盐 10 g，椒盐 20 g，葱段 20 g，姜片 20 g，八角 5 g，酱油 15 g，陈醋 20 g，蒜蓉辣酱 30 g，甜面酱 30 g，烧烤酱 30 g，色拉油 100 g。

4）工艺流程

①猪肉选用1000 g带猪肋条的肉（最好选倒数第1根至第7、8根肋条处的），去骨切方形洗净备用。

②将大葱洗净切丝，将黄瓜、心里美洗净去皮切丝，拿出甜面酱、烧烤酱、蒜蓉辣酱备用。

③锅中盛入清水（凉），将选好的猪肉方放入水中，再放入葱段、姜片、八角煮制，水开后，再转小火煮30分钟。

④捞出猪肉方晾凉，将皮撕掉，用细签在间隔处扎孔。

⑤将酱油、陈醋盛入碗中调制均匀，将猪肉方放入盘中，倒入调制好的调料汁，充分揉搓。

⑥将椒盐均匀撒在猪肉方上。

⑦将鸡蛋打入碗中，放入面粉搅拌均匀，调成"喇嘛糊"，然后将调好的喇嘛糊均匀抹在猪肉方去皮处。

⑧将烤箱调至180 ℃，将猪肉方放入烤箱烤大约1.5小时，表皮色泽呈金黄时盛出，切片装盘。

⑨上桌时配葱丝、黄瓜丝、心里美、酱料、荷叶饼卷食。

5）菜肴特点

色泽金黄，外酥里嫩，不肥不腻，营养丰富，创意独特。

6）制作要求

腌制时间和糊的稠稀度要符合菜品的要求；掌握好烤制时间和温度。

7）类似品种

烤羊方、烤羊腿。

8）营养分析

草原烤猪方营养成分表见表3.30。

表3.30 草原烤猪方营养成分表

项目	检验依据	营养指标（送检样品）
能量（kJ/100 g）	将每100 g草原烤猪方中蛋白质、脂肪、碳水化合物的测定值分别乘以能量系数17，37，17，将所得结果相加	1084.0

续表

项目	检验依据	营养指标（送检样品）
碳水化合物（g/100 g）	按公式（100 − 蛋白质的含量 − 脂肪的含量 − 水分的含量 − 灰分的含量 − 粗纤维的含量）计算	34.5
蛋白质（g/100 g）	GB 5009.5—2016	16.0
脂肪（g/100 g）	GB 5009.6—2016	6.1
钠（mg/100 g）	GB 5009.91—2017	142.0

9）保健功效

此道菜肴能改善缺铁性贫血，同时，具有补肾养血、滋阴润燥的功效。

3.31 托县炖鱼

菜肴简介：托克托县盛产黄河鲤鱼，"托县炖鱼"（图 3.31）是内蒙古中西部地区的一道名菜，选用当地黄河鲤鱼，其最大的特点便是嘴大鳞少，脊背上有一道红线，泛着金红色的光泽。托县炖鱼肉肥味美，没有泥腥味，营养价值很高，每年黄河开河的时候，慕名而来的游客络绎不绝。

图 3.31 托县炖鱼

1）烹调方法

炖。

2）菜肴命名

以主料搭配地名和烹调方法作为菜肴的名称。

3）烹调原料

①主料：黄河鲤鱼 1 条约 1250 g。

②配料：香菜 20 g，托县豆腐 300 g

③调料：蒜 6 g，鲜姜 6 g，葱 10 g，托县小茴香 6 g，托县红辣椒粉 6 g，花椒 10 g，托县胡麻油 20 g，盐 5 g，猪大油 50 g，醋 10 g，酱油 10 g。

4）工艺流程

①将黄河鲤鱼宰杀洗净，剖一字花刀。

②在锅内放入猪油烧热，放托县辣椒面 30 g，葱段、姜片各 20 g，托县茴香面 20 g 炝锅，待炒出红油后，添加适量水。

③待水烧开后放入鲤鱼和切好的豆腐块，然后加入胡麻油 10 g、盐 5 g、酱油 20 g、花椒面 10 g、醋 10 g，大火烧开，调好口味。

④小火炖约 1 小时，便可出锅装盘，最后撒上香菜即可。

5）菜肴特点

汤浓鱼鲜，色泽红艳，微辣开胃，鲜香扑鼻。

6）制作要求

要小火慢炖 1 小时；掌握好用料和时间。

7）类似品种

家常炖鱼、红烧鱼。

8）营养分析

托县炖鱼营养成分表见表 3.31。

表 3.31　托县炖鱼营养成分表

项目	检验依据	营养指标（送检样品）
能量（kJ/100 g）	将每 100 g 托县炖鱼中蛋白质、脂肪、碳水化合物的测定值分别乘以能量系数 17，37，17，将所得结果相加	748.0

项目	检验依据	营养指标（送检样品）
碳水化合物（g/100 g）	按公式（100－蛋白质的含量－脂肪的含量－水分的含量－灰分的含量－粗纤维的含量）计算	2.5
蛋白质（g/100 g）	GB 5009.5—2016	20.4
脂肪（g/100 g）	GB 5009.6—2016	9.7
钠（mg/100 g）	GB 5009.91—2017	570.0

9）保健功效

降糖、护心和防癌。

3.32 武川羊肉汤莜面鱼鱼

菜肴简介：莜面主产于内蒙古呼和浩特市武川地区和乌兰察布市一带，也是内蒙古中西部地区人民的主要食品。将莜面加入凉水或开水和成面团，再制成窝窝、鱼鱼等形状上笼蒸熟，蘸上调味汤，即可食用。武川羊肉汤莜面鱼鱼（图3.32）深受众多食客的喜爱。

图3.32　武川羊肉汤莜面鱼鱼

1）烹调方法

蒸。

2）菜肴命名

以主辅料加上地名来作为菜肴的名称。

3）烹调原料

①主料：莜面 500 g。

②配料：土豆 50 g，羊肉 200 g，水发蘑菇 50 g，香菜 30 g

③调料：食用盐 6 g，葱花 20 g，姜末 10 g，蒜末 10 g，鸡粉 3 g，香油 3 g，花椒面 10 g，胡麻油 30 g，酱油 10 g，炸红辣椒粉 15 g，鲜汤 500 g。

4）工艺流程

①将羊肉、土豆、蘑菇切成 0.6 cm 见方的丁，将香菜切成 3 cm 的段。

②在锅内放入胡麻油烧热，下入羊肉炒熟后加入葱花、姜末、蒜末、花椒面煸炒出香味，再放入土豆、蘑菇、食用盐、酱油、鲜汤，小火煮熟，制成羊肉汤。

③将莜面放入容器内，加入开水烫成莜面团，揉搓均匀上劲，揪一小块在石板上搓成小鱼状，依次完成后，上笼蒸 8 分钟即成。

④将蒸熟的莜面鱼鱼放入羊肉汤中煮熟，再配上炸辣椒、醋、香菜即可。

5）菜肴特点

口味鲜咸醇香、质感筋软。

6）制作要求

1. 加热时用大火。

2. 掌握好加热时间。

7）类似品种

莜面窝窝、莜面鱼鱼、莜面条条。

8）营养分析

武川羊肉汤莜面鱼鱼营养成分表见表 3.32。

表 3.32　武川羊肉汤莜面鱼鱼营养成分表

项目	检验依据	营养指标（送检样品）
能量（kJ/100 g）	将每 100 g 武川羊肉汤莜面鱼鱼中蛋白质、脂肪、碳水化合物的测定值分别乘以能量系数 17，37，17，将所得结果相加	691.0

项目	检验依据	营养指标（送检样品）
碳水化合物（g/100 g）	按公式（100 – 蛋白质的含量 – 脂肪的含量 – 水分的含量 – 灰分的含量 – 粗纤维的含量）计算	35.3
蛋白质（g/100 g）	GB 5009.5—2016	4.7
脂肪（g/100 g）	GB 5009.6—2016	0.3
钠（mg/100 g）	GB 5009.91—2017	23.0

9）保健功效

莜面对降低胆固醇、预防心脑血管疾病有一定的功效，是糖尿病患者的绝佳食物。

3.33 滑熘里脊

菜肴简介：在冬日里制作菜品总要考虑户外的温度，所以总是炖煮的菜品偏多，偶尔做些清爽适口的菜，这就显得十分清甜可口。滑熘里脊（图 3.33）看上去洁白滑嫩，红绿相间的配菜穿插其中。肉片入口的时候爽滑可口，咬开则软软嫩嫩的，没有一点儿干柴的感觉。而配菜则吸收了咸鲜的口味，却保留了清脆的口感。

图 3.33　滑熘里脊

1）烹调方法

滑熘。

2）菜肴命名

在主料前附加烹调方法以命名。

3）烹调原料

①主料：猪里脊肉 400 g。

②配料：胡萝卜 100 g，黄瓜 200 g，鸡蛋清 40 g，芡粉 30 g。

③调料：大葱 15 g，大蒜 10 g，植物油 50 g，盐 5 g，味精 5 g，料酒 20 g。

4）工艺流程

①将猪里脊去筋膜，切成片，放入清水中将血沫漂净，挤去水，加 1 g 盐，12.5 g 芡粉，40 g 蛋清，将里脊片上浆挂芡，待用。

②将大蒜去皮，洗净，切片；将黄瓜洗净，切片。

③将盐、味精、胡萝卜片、大蒜片、黄瓜片、芡粉和 150 mL 清水放入碗内，勾兑成粉芡汁。

④把炒锅烧热，放入豆油，烧三成热，放入上好的里脊片，用筷子拨散，熟后捞出，然后将余油倒入油罐。

⑤在炒锅内倒入滑过油的里脊片，烧热，放入勾兑好的粉芡汁，炒匀，淋上芝麻油即成。

5）菜肴特点

白绿相间，颜色艳丽，质地滑嫩，咸鲜清爽。

6）制作要求

选肉要精，确保软嫩；滑油时油温不宜过高，但要防止油凉脱浆；上浆不宜过厚。

7）类似品种

滑熘鸡片、滑熘鱼片、滑熘鸡脯。

8）营养分析

滑熘里脊营养成分表见表3.33。

表 3.33　滑熘里脊营养成分表

项目	检验依据	营养指标（送检样品）
能量（kJ/100 g）	将每100 g滑熘里脊中蛋白质、脂肪、碳水化合物的测定值分别乘以能量系数17，37，17，将所得结果相加	695.0
碳水化合物（g/100 g）	按公式（100－蛋白质的含量－脂肪的含量－水分的含量－灰分的含量－粗纤维的含量）计算	1.8
蛋白质（g/100 g）	GB 5009.5—2016	15.6
脂肪（g/100 g）	GB 5009.6—2016	16.0
钠（mg/100 g）	GB 5009.91—2017	283.6

9）保健功效

食用猪里脊肉可以为人体提供优质的蛋白质和必需的脂肪酸，而且经常食用能够为人体提供血红素和促进铁吸收的半胱氨酸，这对改善缺铁性贫血非常重要，贫血人群适宜吃猪肉。此道菜肴有滋阴清热、润燥止渴的功效。

3.34　稍麦

菜点简介：呼和浩特稍麦（图3.34）最晚起源于元代初期，发源于今内蒙古呼和浩特一带的商途茶馆。其主要原料有羊肉、大葱、生姜、面粉、淀粉等。先把羊肉等原料加工成馅，再放入调味料搅拌，然后包进稍麦皮即可。稍麦中所选用的羊肉选自内蒙古锡林郭勒草原上专以沙葱为食的沙葱羊，其肉质鲜美无膻味，是制作稍麦馅的最佳食材。

图 3.34　稍麦

1）烹调方法

蒸。

2）菜肴命名

①音译说：蒙古语称"稍麦"为"cyyмaй"（suumai），北方音译"烧麦"。
②形状说：薄皮开口的"包子"，为与包子区分开卖，取名"稍麦"。

3）烹调原料

①主料：精羊肉 750 g。
②配料：高筋面粉 800 g，马铃薯淀粉 250 g。
③调料：大葱 250 g，鲜姜末 50 g，芝麻油 50 g，水 230 g，花椒粉 15 g，食用盐 15 g，味精 10 g。

4）工艺流程

①面粉加水和成较硬的面团，醒好后揪成剂子，用马铃薯淀粉作铺面，制成有百褶边的稍麦皮，码放在容器内，盖上湿布。
②将羊肉切成细粒放在容器内，分 3 次加凉水，然后加入花椒粉、姜末、食用盐、味精、葱末、芝麻油，再加焖子搅拌均匀制成馅。
③将稍麦皮逐个包入羊肉馅制成稍麦，摆入笼屉，上汽蒸 8 分钟即可。

5）菜肴特点

外表蓬松如花，馅多皮薄，洁白晶莹，鲜香爽口，醇而不腻，形味俱佳。

6）制作要求

淀粉用量不宜太多；要把握好蒸的时间。

7）类似品种

小笼包、蒸饺。

8）营养分析

稍麦营养成分表见表 3.34。

表 3.34　稍麦营养成分表

项目	检验依据	营养指标（送检样品）
能量（kJ/100 g）	将每 100 g 稍麦中蛋白质、脂肪、碳水化合物的测定值分别乘以能量系数 17，37，17，将所得结果相加	1017.6
碳水化合物（g/100 g）	按公式（100－蛋白质的含量－脂肪的含量－水分的含量－灰分的含量－粗纤维的含量）计算	20.0
蛋白质（g/100 g）	GB 5009.5—2016	11.3
脂肪（g/100 g）	GB 5009.6—2016	12.9
钠（mg/100 g）	GB 5009.91—2017	344.0

9）保健功效

此道菜肴具有温中暖肾、益气补血、开胃健力、养肝等作用。同时，还具有祛寒、通乳治带等功效。

3.35　烤鹿腿

菜肴简介： 烧烤在现代盛行，烤制食品深受男女老少喜爱。烤鹿腿（图 3.35）外焦里嫩，能够发挥出食物最原生的味道，加上鹿肉的肉质细腻、口感良好，成为当代宴会非常受人喜爱的菜肴之一。

1）烹调方法

烤。

2）菜肴命名

在主料前附加烹调方法以命名。

图 3.35　烤鹿腿

3）烹调原料

①主料：人工养殖鹿前腿 1 条 3000 g。

②配料：胡萝卜 200 g，洋葱 200 g，芹菜 200 g，锡纸若干，面皮 1500 g。

③调料：大葱段 200 g，食用盐 100 g，姜片 150 g，椒盐面 50 g，孜然粉 30 g，辣椒面 30 g，十三香 10 g，生抽 20 g，蚝油 15 g，半听啤酒。

4）工艺流程

①选择一条人工养殖的鹿腿打上花刀，将处理好的鹿腿肉置于烤盘内。将香葱切段，将洋葱、生姜切丝，将孜然粉、辣椒面、十三香、生抽、蚝油、半听啤酒均匀铺放或撒在鹿腿肉上，再撒上食用盐，用手揉捏均匀，最后盖上保鲜膜腌制两个小时。

②腌好的鹿腿用锡纸包起来，再用面皮将它包裹一层（土方法可以选用泥巴）。将其放在烤炉里，设置 180 ℃左右烤 4 个小时，直至将表面烤成黢黑。之后用锤子将烤焦的面饼敲碎，将烤好的鹿腿放在另外一个铺满生菜的烤盘上，撒上青红辣椒段，便可食用。

5）菜肴特点

营养丰富，口感类似于牛肉，结缔组织少，其肉质比牛肉更香且更细腻。

6）制作要求

鹿腿切刀时将其滑至骨头四分之三处，两端不要切断，否则出炉后易散。

7）类似品种

烤鹿排、烤全鹿。

8）营养分析

烤鹿腿营养成分表见表 3.35。

表 3.35　烤鹿腿营养成分表

项目	检验依据	营养指标（送检样品）
能量（kJ/100 g）	将每 100 g 烤鹿腿中蛋白质、脂肪、碳水化合物的测定值分别乘以能量系数 17，37，17，将所得结果相加	1596.0

续表

项目	检验依据	营养指标（送检样品）
碳水化合物（g/100 g）	按公式（100 – 蛋白质的含量 – 脂肪的含量 – 水分的含量 – 灰分的含量 – 粗纤维的含量）计算	11.6
蛋白质（g/100 g）	GB 5009.5—2016	22.9
脂肪（g/100 g）	GB 5009.6—2016	27.4
钠（mg/100 g）	GB 5009.91—2017	389.0

9）保健功效

鹿肉含有较丰富的蛋白质、脂肪、无机盐、糖和一定的维生素，胆固醇低，且易于被人体消化吸收。鹿肉性温和，有补脾益气、温肾壮阳的功效。鹿肉中含多种活性物质，对人体的血液循环系统、神经系统有良好的调节作用。

3.36　固阳炖羊肉

菜肴简介：固阳农家养殖羊肉经过简单的大锅炖制，便成了一道地道的美食——固阳炖羊肉（图 3.36）。拿一块羊排，轻轻用嘴一拉，肉就能掉下来。

图 3.36　固阳炖羊肉

1）烹调方法

炖。

2）菜肴命名

以主料搭配地名和烹调方法作为菜肴的名称。

3）烹调原料

①主料：带骨羊肉 1000 g。

②配料：土豆 200 g，粉条 150 g。

③调料：葱段 20 g，姜片 20 g，食用盐 8 g，整花椒 3 g，葱花 5 g，酱油 8 g，干辣椒 3 g，小茴香 6 g，香叶 2 g。

4）工艺流程

①将新鲜的带骨羊肉剁成直径约 3.5 cm 的块，放入铁锅中加冷水，大火烧开，煮制时先不盖锅盖，煮开后用勺子撇去上面的浮沫。

②将大葱段、生姜片、香叶、干辣椒、小茴香、整花椒、食用盐放入锅中，然后盖上锅盖炖煮 1.5 小时，在炖制过程中搅拌两次。

③待羊肉熟烂后，放入土豆块、粉条，继续炖制 20 分钟左右，撒上葱花和酱油搅拌均匀后，即可上桌。

5）菜肴特点

肉质软烂细腻，味道鲜美，汤香味浓。

6）制作要求

不对羊肉焯水是为了保持它的原汁原味；炖制时间一定要长，炖制时不放其他佐料，否则味道会变化。

7）类似品种

炖鸡、炖牛肉、炖猪骨头。

8）营养分析

固阳炖羊肉营养成分表见表 3.36。

表 3.36　固阳炖羊肉营养成分表

项目	检验依据	营养指标（送检样品）
能量（kJ/100 g）	将每 100 g 固阳炖羊肉中蛋白质、脂肪、碳水化合物的测定值分别乘以能量系数 17，37，17，将所得结果相加	913.0
碳水化合物（g/100 g）	按公式（100 – 蛋白质的含量 – 脂肪的含量 – 水分的含量 – 灰分的含量 – 粗纤维的含量）计算	1.9
蛋白质（g/100 g）	GB 5009.5—2016	27.6
脂肪（g/100 g）	GB 5009.6—2016	12.2
钠（mg/100 g）	GB 5009.91—2017	229.0

9）保健功效

羊肉能温阳散寒、补益气血、强壮身体，经常炖服，其疗效可与参茸媲美，适于各类贫血者服用。

3.37　肥羊火锅

菜肴简介：中国各地的大部分食客都爱吃肥羊火锅（图 3.37），其汤鲜味美，操作简单，还可以按自己的食量煮自己喜欢的菜，适合节日团聚时一家人吃，从而增进家人之间的感情，冬天食用也可驱寒养胃。肥羊火锅营养全面，老少皆宜。

1）烹调方法

涮。

2）菜肴命名

以主料搭配特殊盛器作为菜肴的名称。

图 3.37　肥羊火锅

3）烹调原料

①主料：切片羊肉 500 g。

②配料：土豆片 200 g，冬瓜 200 g，鲜豆腐 200 g，水晶粉 200 g，鲜蘑菇 200 g，手擀面 300 g，猪大骨 200 g，牛大骨 300 g。

③调料：洋葱 50 g，香芹 50 g，牛油 10 g，菜籽油 25 g，鸡油 5 g，豆瓣酱 5 g，豆豉 1.25 g，冰糖 1.25 g，姜 8 g 拍碎，高度白酒 1.5 g，醪糟汁 5 g，葱 10 g 切段，蒜 5 g 拍碎，泡椒 5 g（用水煮好，剁碎），大料 50 g，花椒 50 g（用水泡好），小米辣 5 g 剁碎，小茴香 5 g，甘草 2 g 切碎，肉桂 5 g，丁香 5 g，肉豆蔻 5 g，桂皮 5 g，草豆蔻 5 g，孜然粒 10 g，荜拨 2 g，白芷 3 g，山奈 5 g，草果 3 g，香果 3 g，良姜 5 g，砂仁 5 g，木香 10 g，甘菘 2 g，香叶 2 g（香料全部打碎后用开水烫一下沥干水），当归 2 g，党参 2 g。

4）工艺流程

红汤配方：

①先将炒锅置于旺火上，下牛油烧八成热后，放入洋葱、香菜，去味后捞出。

②在锅中倒入菜籽油和鸡油并加热至接近高温（大约七成热），然后加入豆瓣酱和小米辣，炒至水分蒸发。接着加入姜、葱、蒜、豆豉和花椒，继续煸炒直至食材释放出香味并且油色变红。之后，转小火，加入泡椒继续煸炒至水分完全蒸发，最后加入香料。

③当食材的香味得以充分释放后，加入醪糟汁和冰糖进行熬制。待汤汁变得浓稠、香气扑鼻，且味道呈现出麻辣中带有回甜的层次感时，便可以将这锅美味的调料舀入火锅中，准备享用了。可使用白酒来降低锅内温度，防止底料炒焦。炒制完成后，让其在锅中静置过夜，以便味道更好地融合。第二天，将油和杂质分离，将杂质与水一起煮沸，然后与老汤混合，用于增加火锅的汤底。

清汤配方：

①将用于熬制高汤的鸡肉、猪骨和牛骨先用清水彻底洗净，去除杂质。接着，将它们放入沸水中进行初步焯烫，以去除血水和杂质。焯烫后，再次用清水清洗这些原料，确保其洁净，为下一步的烹饪做好准备。

②将鸡切成较大的块状。然后在锅中倒入适量的色拉油，加入葱段、姜片、当归和党参，用中火将这些香料炒出香味。

③将准备好的食材放入锅内，加入大约 40 kg 的清水。先用大火将水烧开，其间要注意用勺子撇去水面上浮起的泡沫。之后，将火力调至小火，慢慢炖煮，以提炼出食材中的鲜美味道。

配锅：

①准备清汤底料时，在锅中加入适量的食盐、味精、鸡精、鸡粉、肉酱宝、猪肉香精和鸡肉香精，以及一些葱段、大枣、枸杞、香砂和姜片，以增添风味和营养。

②调配红汤配锅时，使用以下调料和配料：食盐、味精、鸡精、鸡粉、孜然粉、肉酱宝、猪肉香精、醪糟汁、鸡肉香精，以及葱段、姜片、白豆蔻和基础底料，以丰富汤品的味道层次。

5）菜肴特点

操作简单，耗时短，汤鲜味美，可根据个人喜好选择食材，且可选食材范围广。

6）制作要求

注意红汤的配方及炒制中的要点；汤汁表面的浮沫会与油混在一起，必须撇去；在烹饪过程中，适时尝试汤底的味道，如果觉得咸度不足，可以适当地增加一些盐来调整口味，如果在尝试时感觉麻辣味不够强烈，可以适当添加一些豆瓣酱、花椒和辣椒来增强风味，如果发现汤品过于辣或者咸，可以通过加入冰糖或加水稀释来平衡味道——通过调整调味品，确保火锅的口味能够满足食客的期望，同时更加凸显肥羊火锅的特色风味。

7）类似品种

牛肉火锅、鱼肉火锅、重庆火锅。

8）营养分析

肥羊火锅营养成分表见表 3.37。

表 3.37 肥羊火锅营养成分表

项目	检验依据	营养指标（送检样品）
能量（kJ/100 g）	将每100 g肥羊火锅中蛋白质、脂肪、碳水化合物的测定值分别乘以能量系数17，37，17，将所得结果相加	937.0
碳水化合物（g/100 g）	按公式（100 - 蛋白质的含量 - 脂肪的含量 - 水分的含量 - 灰分的含量 - 粗纤维的含量）计算	2.1
蛋白质（g/100 g）	GB 5009.5—2016	17.8
脂肪（g/100 g）	GB 5009.6—2016	16.3
钠（mg/100 g）	GB 5009.91—2017	149.9

9）保健功效

鸡肉温中益气、补精添髓，猪骨和牛骨添精益髓、强筋健骨，羊肉则有温中暖下、益气补虚的功效。这种综合的食材搭配在滋补身体方面具有协同效应。对于体质虚寒的人群来说，食用后可以起到温暖身体、改善虚寒症状的作用。对于腰膝酸软、肾精不足等情况也有一定的辅助改善作用。

3.38 达茂旗手把肉

菜肴简介：达茂旗手把肉（图3.38）是内蒙古自治区包头市达尔罕茂明安联合旗（简称达茂旗）的传统美食。它深深扎根于蒙古族的饮食文化之中。在广袤的草原上，蒙古族牧民逐水草而居，最便捷的获取食物方式就是宰杀羊只后，用简单的烹饪方法来制作美食，这也是手把肉产生的生活基础。同时，这道菜也体现了蒙古族热情好客的文化传统，每当有客人到来，主人就会宰杀羊只，烹制手把肉来招待客人，表示对客人的尊重和欢迎。

图3.38 达茂旗手把肉

1）烹调方法

煮。

2）菜肴命名

以主料搭配地名和特殊手法作为菜肴的名称。

3）烹调原料

①主料：去头、蹄、内脏的整羊 1 只约 18 kg。
②调料：葱段 300 g，姜片 300 g，食用盐 150 g，花椒 20 g，蒜蓉辣酱 1 袋。

4）工艺流程

①准备一只去蹄去头的 18 个月左右的羯羊，将骨头用刀划开，每个骨缝都要处理到，并切块。肋骨部分用刀一刀一刀划开，最后将食材处理成一块一块的即可。
②将羊肉冷水下锅，并加入葱段、花椒、盐、姜片，煮两个小时即可。
③煮熟后捞出，吃的时候用小刀切成小块，蘸上配好的酱汁。

5）菜肴特点

汤鲜肉嫩，醇香味美，软烂适口，别有风味。

6）制作要求

选材时需严格挑选鲜嫩的羊肉；用刀处理好，煮制时间不宜过长。

7）类似品种

盐水羊肉、酱牛肉。

8）营养分析

达茂旗手把肉营养成分表见表 3.38。

表 3.38 达茂旗手把肉营养成分表

项目	检验依据	营养指标（送检样品）
能量（kJ/100 g）	将每 100 g 达茂旗手把肉中蛋白质、脂肪、碳水化合物的测定值分别乘以能量系数 17，37，17，将所得结果相加	912.0
碳水化合物（g/100 g）	按公式（100 - 蛋白质的含量 - 脂肪的含量 - 水分的含量 - 灰分的含量 - 粗纤维的含量）计算	2.0
蛋白质（g/100 g）	GB 5009.5—2016	26.9
脂肪（g/100 g）	GB 5009.6—2016	11.5
钠（mg/100 g）	GB 5009.91—2017	232.0

9）保健功效

羊肉富含蛋白质、钙、磷、铁及多种维生素等营养成分，具有滋补虚损、补中益气、健脾养胃的功效。

3.39 羊杂碎汤

菜肴简介：羊杂碎汤（图3.39）是用羊头及羊的心肺等位置熬制成的特色小吃。很多人都喜欢吃羊杂，羊杂不但味道与众不同，并且吃起来十分劲道，还具有很高的营养价值，因为价格比牛肉低许多，所以更受大众欢迎，另外，它还是具有保健功效的一道菜。

图 3.39 羊杂碎汤

1）烹调方法

煮。

2）菜肴命名

将主料作为菜肴的名称。

3）烹调原料

①主料：羊肠 100 g，羊肝 50 g，羊肚 100 g，羊心 50 g，羊肺 100 g。

②配料：香菜 20 g，土豆条 50 g，色拉油 15 g，羊鲜汤 1500 g。

③调料：花椒水 15 g，葱丝 10 g，姜丝 10 g，料酒 10 g，红油 20 g，食用盐 5 g，味精 4 g，鸡粉 5 g，蒜丝 10 g。

4）工艺流程

①将羊肠、羊肚、羊肝、羊心、羊肺洗净后，放入开水锅中，小火煮熟，捞出后切成丝。

②在锅内倒入色拉油，烧至 80 ℃后，放入葱丝、姜丝、蒜丝炝锅，烹料酒。

③倒入羊鲜汤，放入切好的羊杂丝，加入花椒水、食用盐，开大火烧开，改小火入味，加入味精、鸡粉、红油装碗，最后撒上香菜即可。

5）菜肴特点

色泽红润，肉质软烂，咸鲜微辣。

6）制作要求

食材要处理干净；熬制时间不宜过长，但是要煮到软烂。

7）类似品种

鸡杂碎、牛杂碎、猪杂碎。

8）营养分析

羊杂碎汤营养成分表见表 3.39。

表 3.39　羊杂碎汤营养成分表

项目	检验依据	营养指标（送检样品）
能量（kJ/100 g）	将每 100 g 羊杂碎汤中蛋白质、脂肪、碳水化合物的测定值分别乘以能量系数 17，37，17，将所得结果相加	412.0
碳水化合物（g/100 g）	按公式（100−蛋白质的含量−脂肪的含量−水分的含量−灰分的含量−粗纤维的含量）计算	0.7
蛋白质（g/100 g）	GB 5009.5—2016	11.1
脂肪（g/100 g）	GB 5009.6—2016	5.6
钠（mg/100 g）	GB 5009.91—2017	446.0

9）保健功效

此道菜肴具有温补脾胃、温补虚寒、补血补气舒经、维护胃黏膜、清肝火明目、抵御寒冷、增强抗病能力的功效。

3.40　风干羊背子

菜肴简介："风干羊背子"（图3.40）是内蒙古草原的一道传统风味名菜，在内蒙古西南部鄂尔多斯较为多见。"羊背子"是蒙古族人民最喜欢，同时也是最名贵的佳肴，只有在祭祀、婚礼、老人过寿、欢迎亲朋贵宾的宴席上才能见到。"羊背子"的蒙古语为"术斯"。风干羊背子的做法是将羊宰杀后剥皮，卸成七大件（头、脖子、腰椎、胸椎、四肢、五叉、胸茬），自然风干，食用时加工煮制。

图 3.40　风干羊背子

1）烹调方法

风干。

2）菜肴命名

在主料前附加烹调方法以命名。

3）烹调原料

①主料：自然风干的"七件"全羊 8000 g。

②调料：盐 75 g，红葱 350 g，姜 200 g，花椒 10 g，料酒 100 g。

4）工艺流程

①将风干的羊肉放入清水中浸泡 10 小时，洗净备用。

②将泡好的羊肉放入冷水锅中，烧开，撇去浮沫，放入调料，开中小火煮至成熟后装盘。

③上桌前一般需要请客人剪彩，再分盘上桌。

5）菜肴特点

口感独特，风味别致，耐咀嚼，肉质醇香。

6）制作要求

要选用自然风干的羊肉，这种羊肉的风味口感更佳；煮制的时间较长，注意不宜用大火；注意装盘时的形状。

7）类似品种

羊背子、风干牛肉。

8）营养分析

风干羊背子营养成分表见表 3.40。

表 3.40　风干羊背子营养成分表

项目	检验依据	营养指标（送检样品）
能量（kJ/100 g）	将每 100 g 风干羊背子中蛋白质、脂肪、碳水化合物的测定值分别乘以能量系数 17，37，17，将所得结果相加	930.0
碳水化合物（g/100 g）	按公式（100 - 蛋白质的含量 - 脂肪的含量 - 水分的含量 - 灰分的含量 - 粗纤维的含量）计算	6.4
蛋白质（g/100 g）	GB 5009.5—2016	18.8

续表

项目	检验依据	营养指标（送检样品）
脂肪（g/100 g）	GB 5009.6—2016	13.6
钠（mg/100 g）	GB 5009.91—2017	58.6

9）保健功效

羊肉中铁、磷等物质的含量高，适合各类贫血患者服用，可以起到补血的作用。气血不足、身体瘦弱的妇女、老人，以及病后体虚的人，可以多吃羊肉，以滋阴、滋养气血、补元气、益气健脾胃、强体魄。羊肉还可以治疗肾阳虚所致的腰膝酸软冷痛，阳痿等症，也能治疗脾胃虚寒所致的反胃、畏寒等情况，且有补血、补肝、明目之功效。因此，羊肉营养价值很高，并且容易被消化，多吃羊肉还可以提高身体素质，增强抵抗力。

3.41　阿尔巴斯干崩羊

菜肴简介：阿尔巴斯羊是内蒙古自治区鄂尔多斯地区特有的山羊品种，其肉质干香无膻味，营养价值极高。阿尔巴斯干崩羊（图3.41）色泽红润油亮、口感油香、口味咸鲜。

图 3.41　阿尔巴斯干崩羊

1）烹调方法

煠。

2）菜肴命名

以主料搭配地名和烹调方法作为菜肴的名称。

3）烹调原料

①主料：新鲜羊排 3000 g，新鲜羊肥肉 1000 g，新鲜羊前腿肉 3500 g。
②调料：花椒面 15 g，干姜面 20 g，辣椒粉 15 g，盐 20 g，红葱花 150 g。

4）工艺流程

①将羊排切成 5 cm 长的段，将羊肥肉切成 4 cm 见方的块，将羊前腿肉切成 4 cm 见方的块备用。
②将羊排放到锅中底层，依次放入羊肥肉、羊前腿肉。
③将羊肉在锅中摆好后，放入花椒面、干姜面、辣椒粉、盐、红葱花，开小火加热 20 分钟，待羊肉中的油汁和水分自然出现后，改为中火加盖烤制 1 小时，然后改小火加热 20 分钟成熟即可食用。

5）菜肴特点

色泽红润油亮，口感油香，口味咸鲜。

6）制作要求

注意一定要采购新鲜的阿尔巴斯羊肉；在制作羊肉时不加一滴水；开始要用小火；不能弄混羊肉的摆放顺序。

7）类似品种

干崩鸡肉、干崩兔肉。

8）营养分析

阿尔巴斯干崩羊营养成分表见表 3.41。

表 3.41　阿尔巴斯干崩羊营养成分表

项目	检验依据	营养指标（送检样品）
能量（kJ/100 g）	将每 100 g 阿尔巴斯干崩羊中蛋白质、脂肪、碳水化合物的测定值分别乘以能量系数 17，37，17，将所得结果相加	912.0
碳水化合物（g/100 g）	按公式（100 − 蛋白质的含量 − 脂肪的含量 − 水分的含量 − 灰分的含量 − 粗纤维的含量）计算	2.0

续表

项目	检验依据	营养指标（送检样品）
蛋白质（g/100 g）	GB 5009.5—2016	26.9
脂肪（g/100 g）	GB 5009.6—2016	11.5
钠（mg/100 g）	GB 5009.91—2017	232.0

9）保健功效

羊肉中铁、磷等物质的含量高，适合各类贫血患者服用，可以起到补血的作用。气血不足、身体瘦弱的妇女、老人，以及病后体虚的人，可以多吃羊肉，以滋阴、滋养气血、补元气、益气健脾胃、强体魄。羊肉还可以治疗肾阳虚所致的腰膝酸软冷痛，阳痿等症，也能治疗脾胃虚寒所致的反胃、畏寒等情况，且有补血补肝明目之功效。因此，羊肉营养价值很高，并且容易被消化，多吃羊肉还可以提高身体素质，增强抵抗力。

3.42 伊盟烩菜

菜肴简介： 伊盟烩菜（图 3.42），当地人称其为杀猪菜，是鄂尔多斯市传承多年的传统美食。伊盟烩菜主要以猪肉、酸菜（当地特选用青麻叶品种的白菜腌制）、土豆为主料，用烩的方式将其烹制成熟。此道菜肴具有极强的地域特点，是当地人民一年一度举村团聚时享用的极具仪式感的菜肴。

图 3.42　伊盟烩菜

1）烹调方法

烩。

2）菜肴命名

地域名称加上烹调方式命名。

3）烹调原料

①主料：五花肉 1200 g。
②配料：酸菜 1000 g，土豆 600 g。
③调料：盐 8 g，酱油 30 g，大料 3 枚，花椒 5 g，料酒 10 g，老抽 3 g，葱花 10 g，蒜片 10 g。

4）工艺流程

①热锅，将猪肉切块，在锅中炒制出油，出油后持续翻炒。
②加入调味料，稍加炒制后放入切好的土豆，加水没过土豆，煮至土豆块可用筷子扎裂。
③将青麻叶切丝，均匀平铺在最上层，盖上锅盖进行焖煮。
④撒上葱花，出锅。

5）菜肴特点

土豆软烂，肉块肥而不腻，酸菜酸嫩爽口，吃后唇齿留香。

6）制作要求

猪肉炒制及烩制的时间、火候要掌握好；务必使用新鲜的食材。

7）类似品种

巴盟烩酸菜、精烩菜。

8）营养分析

伊盟烩菜营养成分表见表 3.42。

表 3.42 伊盟烩菜营养成分表

项目	检验依据	营养指标（送检样品）
能量（kJ/100 g）	将每 100 g 伊盟烩菜中蛋白质、脂肪、碳水化合物的测定值分别乘以能量系数 17，37，17，将所得结果相加	696.2
碳水化合物（g/100 g）	按公式（100 − 蛋白质的含量 − 脂肪的含量 − 水分的含量 − 灰分的含量 − 粗纤维的含量）计算	9.8
蛋白质（g/100 g）	GB 5009.5—2016	11.6
脂肪（g/100 g）	GB 5009.6—2016	9.3
钠（mg/100 g）	GB 5009.91—2017	283.4

9）保健功效

猪肉蛋白质的含量偏低，但脂肪含量非常丰富，能为人类提供优质蛋白质和必需的脂肪酸。猪肉可提供血红素（有机铁）和促进铁吸收的半胱氨酸，能改善缺铁性贫血。

3.43 鄂托克牛排

菜肴简介：鄂托克牛排（图 3.42），当地人称其为炖牛排，选用两年优质牛肉，只需加入简单的调味料进行焖制，使其色、香、味俱全，软烂入味。

图 3.43 鄂托克牛排

1）烹调方法

焖。

2）菜肴命名

在主料前附以地名作为菜肴的名称。

3）烹调原料

①主料：两年优质牧区牛排 5 kg。

②调料：葱 100 g，姜 50 g，蒜 20 g，花椒 5 g，八角 5 g，桂皮 g5，香叶 3 片，冰糖 5 g，黄酒（或料酒）5 g，老抽 5 g，生抽 10 g，辣椒 5 g，蚝油 3 g，盐 10 g。

4）工艺流程

①将牛排泡在水里去血水，泡到肉呈些微灰白色。

②泡好后冲洗一下，放入锅中倒入清水（冷水下锅），加葱、姜，开中大火煮。

③撇去浮沫，加入黄酒、葱姜蒜、冰糖、香叶、桂皮、辣椒、花椒、八角、生抽、老抽、蚝油、盐（少量）。

④大火烧开后转小火慢炖两小时左右。

⑤炖至个人喜欢的软硬程度后关火，焖 10 分钟左右，出锅。

5）菜肴特点

软烂入味，颜色红润，口味咸香。

6）制作要求

血水要去除干净；原料新鲜，牛肉年份够。

7）类似品种

焖羊排、焖猪排。

8）营养分析

鄂托克牛排营养成分表见表 3.43。

表 3.43　鄂托克牛排营养成分表

项目	检验依据	营养指标（送检样品）
能量（kJ/100 g）	将每 100 g 鄂托克牛排中蛋白质、脂肪、碳水化合物的测定值分别乘以能量系数 17，37，17，将所得结果相加	4562.9
碳水化合物（g/100 g）	按公式（100 − 蛋白质的含量 − 脂肪的含量 − 水分的含量 − 灰分的含量 − 粗纤维的含量）计算	114.2
蛋白质（g/100 g）	GB 5009.5—2016	119.5
脂肪（g/100 g）	GB 5009.6—2016	21.2
钠（mg/100 g）	GB 5009.91—2017	1994.1

9）保健功效

牛肉含有丰富的蛋白质和氨基酸。其能提高机体抗病能力，对生长发育及手术后、病后调养的人在补充失血和修复组织等方面特别有益。中医食疗认为，寒冬食牛肉，有暖胃作用，为寒冬补益佳品。中医认为，牛肉有补中益气、滋养脾胃、强健筋骨、化痰息风、止渴止涎的功能，适合中气下陷、气短体虚、筋骨酸软和贫血久病以及面黄目眩之人食用。

3.44　炖风干羊肉

图 3.44　炖风干羊肉

菜肴简介： 羊肉经风干后体积缩小，保质期延长，有效提高了储藏效率。经过简单炖煮后，羊肉既汁水丰富，又有独特的丝状口感。炖风干羊肉（图 3.44）是古代行军时的优质食粮。

1）烹调方法

炖。

2）菜肴命名

在主料前附加烹调方法以命名。

3）烹调原料

①主料：风干羊肉 350 g。

②配料：干豆角 50 g，色拉油 50 g，鲜汤 1000 g。

③调料：八角 5 g，料酒 10 g，葱段 20 g，姜片 20 g，蒜片 10 g，花椒粉 5 g，香叶 3 g，白糖 10 g，酱油 20 g，味精 2 g，食用盐 8 g，白醋 5 g。

4）工艺流程

①将风干羊肉、干豆角用温水浸泡回软、洗净。

②将干羊肉切成 4 cm 见方的块。

③在锅内倒入色拉油烧热，加入姜片、葱段、花椒粉、八角、香叶、蒜片、料酒炒香，再加入白糖、白醋、酱油、味精、食用盐、鲜汤烧开去掉浮沫。

④下入泡好的干羊肉、干豆角，小火炖 30 分钟至熟烂即成。

5）菜肴特点

色泽金红，质感软烂，口味咸鲜。

6）制作要求

风干羊肉一定要用温水浸泡回软；用鲜汤给干肉补味。

7）类似品种

炖风干羊排、炖风干猪排。

8）营养分析

炖风干羊肉营养成分表见表 3.44。

表 3.44　炖风干羊肉营养成分表

项目	检验依据	营养指标（送检样品）
能量（kJ/100 g）	将每 100 g 炖风干羊肉中蛋白质、脂肪、碳水化合物的测定值分别乘以能量系数 17，37，17，将所得结果相加	1726.1

续表

项目	检验依据	营养指标（送检样品）
碳水化合物（g/100 g）	按公式（100 - 蛋白质的含量 - 脂肪的含量 - 水分的含量 - 灰分的含量 - 粗纤维的含量）计算	16.7
蛋白质（g/100 g）	GB 5009.5—2016	18.6
脂肪（g/100 g）	GB 5009.6—2016	32.8
钠（mg/100 g）	GB 5009.91—2017	795.0

9）保健功效

羊肉既能御风寒，又可补身体，对一般风寒咳嗽、慢性气管炎、虚寒哮喘、肾亏阳痿、腹部冷痛、体虚怕冷、腰膝酸软、面黄肌瘦、气血两亏、病后或产后身体虚亏等症状均有治疗和补益效果，最适宜于冬季食用，故被称为冬令补品，深受人们欢迎。

3.45　巴盟烩酸菜

菜肴简介：巴盟位于内蒙古西部地区，巴盟烩酸菜（图 3.45）是内蒙古河套地区家喻户晓的一道特色菜肴。其做法是利用自家的猪肉、排骨，再配上土豆，放入农家调味品，经小火加热至熟。此道菜肴营养丰富，家庭风味浓郁，现已被搬上宴席的餐桌，深受众多食客的好评。

图 3.45　巴盟烩酸菜

1）烹调方法

烩。

2）菜肴命名

以主料搭配地名和烹调方法作为菜肴的名称。

3）烹调原料

①主料：酸菜 200 g。

②配料：农家带皮猪五花肉 100 g，豆腐 100 g，土豆 100 g，宽粉条 100 g，猪油 100 g，鲜汤 300 g。

③调料：盐 6 g，葱花 20 g，花椒 10 g，八角面 10 g，蒜 12 g，姜末 20 g，酱油 15 g，老抽 3 g。

4）工艺流程

①将猪肉切成长 6 cm、宽 4 cm、厚 0.3 cm 的片，将酸菜切成长 4 cm、厚 0.3 cm 的丝并洗净，将土豆切成小滚料块，将豆腐切成长 4 cm、宽 3 cm、厚 0.5 cm 的片，将粉条切成长 7 cm 的段。

②炒锅上火，加入猪油烧热，放入花椒、八角炸香捞出，随后放入猪五花肉煸炒至出油，烹入用葱、姜、蒜、食用盐、鲜汤、酱油兑成的料汁，放入土豆、豆腐，烩 15 分钟。

③土豆成熟时，再放入酸菜炖 20 分钟，最后下宽粉条烩软，土豆成糊状时出锅装盘即可。

5）菜肴特点

色泽自然，口感鲜咸微酸，丝滑可口，肥而不腻。

6）制作要求

烩菜时要用小火慢烩；煮至汤汁快要收干时，放上葱花，并将土豆用铲子压碎。

7）类似品种

排骨烩酸菜、猪棒骨烩酸菜。

8）营养分析

巴盟烩酸菜营养成分表见表 3.45。

表 3.45　巴盟烩酸菜营养成分表

项目	检验依据	营养指标（送检样品）
能量（kJ/100 g）	将每 100 g 巴盟烩酸菜中蛋白质、脂肪、碳水化合物的测定值分别乘以能量系数 17，37，17，将所得结果相加	696.4
碳水化合物（g/100 g）	按公式（100－蛋白质的含量－脂肪的含量－水分的含量－灰分的含量－粗纤维的含量）计算	9.8
蛋白质（g/100 g）	GB 5009.5—2016	11.6
脂肪（g/100 g）	GB 5009.6—2016	9.2
钠（mg/100 g）	GB 5009.91—2017	283.6

9）保健功效

此道菜肴具有补脾气、润肠胃、生津液、丰肌体、泽皮肤、补中益气、养血健骨的功效。

3.46　白彦花猪肉勾鸡

菜肴简介：白彦花猪肉勾鸡（图 3.46）是巴盟乌拉特前旗白彦花镇的一道特色家常菜，主要利用自家养殖的猪肉和鸡肉，再配上土豆和豆腐，放入农家调味品，经小火加热至熟。白彦花猪肉勾鸡营养丰富，家庭风味浓郁，深受众多食客的好评。

图 3.46　白彦花猪肉勾鸡

1）烹调方法

炖。

2）菜肴命名

主料前附以地名作为菜肴的名称。

3）烹调原料

①主料：农家猪五花肉 255 g，带骨嫩鸡块 255 g。
②配料：色拉油 30 g。
③调料：食用盐 10 g，葱段 20 g，姜片 20 g，蒜片 10 g，花椒 8 g，八角 10 g，白糖 20 g，酱油 20 g，老抽 3 g，鲜汤 800 g。

4）工艺流程

①将猪肉切成长 3 cm 见方的块，带骨鸡肉切成 4.5 cm 见方的块，放入锅中焯水后捞出待用。
②在锅内倒入色拉油，放入猪肉块和鸡肉块，同时煸炒至出油时，加入葱段、姜片、蒜片、花椒、八角炒出香味，加入白糖继续煸炒。
③煸炒至金红色，加入食用盐、酱油、鲜汤，中火炖制 35 分钟，收浓汤汁即成。

5）菜肴特点

色泽自然，口味鲜咸醇香，质感软糯，风味独特。

6）制作要求

猪肉和鸡肉一定要煸炒到位；炖制时要用中火慢炖。

7）类似品种

猪肉炖白菜、猪肉炖粉条。

8）营养分析

白彦花猪肉勾鸡营养成分表见表 3.46。

表 3.46 白彦花猪肉勾鸡营养成分表

项目	检验依据	营养指标（送检样品）
能量（kJ/100 g）	将每 100 g 白彦花猪肉勾鸡中蛋白质、脂肪、碳水化合物的测定值分别乘以能量系数 17，37，17，将所得结果相加	715.0
碳水化合物（g/100 g）	按公式（100－蛋白质的含量－脂肪的含量－水分的含量－灰分的含量－粗纤维的含量）计算	7.2
蛋白质（g/100 g）	GB 5009.5—2016	6.8
脂肪（g/100 g）	GB 5009.6—2016	18.6
钠（mg/100 g）	GB 5009.91—2017	339.0

9）保健功效

此道菜肴具有养心益肾、健脾厚肠、除热止渴、清热润燥、生津止渴、清洁肠胃的功效。

3.47 家炖黄河鲤鱼

菜肴简介：家炖黄河鲤鱼（图 3.47）是巴盟久负盛名的一道色香味俱全的名菜，做法非常简单。原料选用内蒙古巴彦淖尔市黄河段几字弯的金色黄河鲤鱼。此道菜肴用家常调味品进行炖制，小火慢炖，使鱼肉味透肌理，堪称人间美味。

图 3.47 家炖黄河鲤鱼

1）烹调方法

炖。

2）菜肴命名

在主料前附加烹调方法以命名。

3）烹调原料

①主料：黄河鲤鱼 1 条约 750 g。
②配料：五花肉片 100 g，香菜段 10 g。
③调料：葱段 30 g，姜片 30 g，蒜片 30 g，花椒 10 g，八角 10 g，干辣椒 10 g，酱油 30 g，料酒 20 g，食用盐 10 g，糖 5 g，醋 30 g，胡麻油 30 g，鲜汤 1000 g。

4）工艺流程

①将鲤鱼去鳞、去腮、去内脏洗净，抽去鱼线，在鲤鱼的表面剖上一字形花刀待用。
②在锅内放入 30 g 胡麻油烧热，倒入五花肉片，小火煸炒出油，随后放入花椒、八角、干辣椒炒出香味，再放入葱段、姜片、蒜片爆香，烹入料酒，加入鲜汤，烧开。
③烧开后放入食用盐、白糖、醋、酱油，调好口味后，再次烧开，放入整条鲤鱼，小火慢炖 60 分钟左右，将鱼捞出装盘，放上香菜段即可。

5）菜肴特点

体态丰满，肉质肥厚，咀嚼有劲，营养丰富。

6）制作要求

在鲤鱼的表面剖上一字形花刀；炖制的时间要长，火候要足。

7）类似品种

托县炖鱼、功夫鱼。

8）营养分析

家炖黄河鲤鱼营养成分表见表 3.47。

表 3.47　家炖黄河鲤鱼营养成分表

项目	检验依据	营养指标（送检样品）
能量（kJ/100 g）	将每 100 g 家炖黄河鲤鱼中蛋白质、脂肪、碳水化合物的测定值分别乘以能量系数 17，37，17，将所得结果相加	756.0
碳水化合物（g/100 g）	按公式（100 – 蛋白质的含量 – 脂肪的含量 – 水分的含量 – 灰分的含量 – 粗纤维的含量）计算	2.8
蛋白质（g/100 g）	GB 5009.5—2016	20.5
脂肪（g/100 g）	GB 5009.6—2016	12.3
钠（mg/100 g）	GB 5009.91—2017	1131.0

9）保健功效

黄河鲤鱼是入药的上佳补品，具有养肝补肾之功能，而且它有开胃健脾、利小便、消水肿、去寒气、下乳汁的功效，对中耳炎、赤眼病、孕妇浮肿、月经不调等，均有一定疗效。

3.48　乌拉山炖羊肉

菜肴简介：乌拉山炖羊肉（图 3.48）是将乌拉山上自然放养的乌拉山羊肉经过长时间的炖制，最后将汤汁剩少许出锅装盘而成的。肉质软烂可口，深受当地百姓喜爱。

图 3.48　乌拉山炖羊肉

1）烹调方法

炖。

2）菜肴命名

以主料搭配地名和烹调方法作为菜肴的名称。

3）烹调原料

①主料：乌拉山羊肉 500 g。

②配料：土豆 200 g。

③调料：葱花 10 g，葱段 10 g，姜 10 g，花椒 10 g，枸杞 5 g，茴香 15 g，食用盐 10 g，鲜汤 1500 g。

4）工艺流程

①羊肉冷水下锅，水稍微没过羊肉即可，不要太多，羊肉焯水后捞出待用。

②在锅里放入鲜汤和羊肉块，然后放入葱、姜、花椒、茴香、枸杞等，小火慢炖，炖制 20 分钟后放入盐，继续炖制。

③待羊肉炖制 1 小时左右，羊肉达八成熟时，放入土豆，继续炖制 15 分钟，待土豆软烂时，撒入葱花，拌匀即可出锅装盘。

5）菜肴特点

肉嫩醇厚、味美鲜香。

6）制作要求

用水泡出乌拉山羊肉的血水；将乌拉山羊肉冷水下锅，开大火煮开；加小茴香，不加大料和料酒。

7）类似品种

清炖羊肉、榆林铁锅炖羊肉。

8）营养分析

乌拉山炖羊肉营养成分表见表 3.48。

表 3.48　乌拉山炖羊肉营养成分表

项目	检验依据	营养指标（送检样品）
能量（kJ/100 g）	将每 100 g 乌拉山炖羊肉中蛋白质、脂肪、碳水化合物的测定值分别乘以能量系数 17，37，17，将所得结果相加	912.0
碳水化合物（g/100 g）	按公式（100 - 蛋白质的含量 - 脂肪的含量 - 水分的含量 - 灰分的含量 - 粗纤维的含量）计算	1.9
蛋白质（g/100 g）	GB 5009.5—2016	27.6
脂肪（g/100 g）	GB 5009.6—2016	12.1
钠（mg/100 g）	GB 5009.91—2017	228.0

9）保健功效

羊肉中的蛋白质属于完全蛋白质，含有人体必需的各种氨基酸，而且其氨基酸组成与人体较为接近，容易被人体吸收利用。这些蛋白质对人体的生长发育至关重要，例如，儿童和青少年食用后，能够为身体的成长提供足够的原料，帮助构建肌肉、骨骼等组织。对于成年人而言，蛋白质有助于维持身体的正常生理功能和进行组织修复，像运动后的肌肉疲劳恢复或者术后伤口愈合等情况。

3.49　河套硬四盘

菜肴简介："河套硬四盘"（图 3.49、图 3.50、图 3.51、图 3.52），即扒肉条、清蒸羊、黄焖鸡块（酥鸡）、扒丸子，是河套地区婚丧嫁娶摆宴请客必不可少的四道压桌菜，故称"河套硬四盘"。

图 3.49　河套硬四盘 -1

图 3.50　河套硬四盘 -2

图 3.51 河套硬四盘 -3

图 3.52 河套硬四盘 -4

1）烹调方法

蒸。

2）菜肴命名

附以数字和地名作为菜肴的名称。

3）烹调原料

①扒肉条用料：猪腿肉 500 g，盐 10 g，白砂糖 5 g，酱油 20 g，味精 4 g，料酒 10 g，大葱 15 g，姜 15 g，淀粉（玉米）5 g。

②清蒸羊肉用料：带骨肋条 500 g，精盐 7 g，料酒 10 g，葱段 10 g，鲜姜片 10 g，花椒 5 g，香菜适量。

③黄焖鸡块用料：三黄鸡净料一只 500 g，葱段 50 g，姜片 25 g，鸡蛋 2 枚，干淀粉适量，花椒 5 g，桂皮 2 g，八角 2 g，香叶 1 片，盐 8 g，酱油 25 g，黄酒 20 g，白糖 5 g，烹调油适量。

④扒丸子用料：猪肥瘦肉馅 500 g，鸡蛋 2 个，湿淀粉 200 g，色拉油 500 g（约耗100 g），精盐 5 g，酱油 10 g，十三香 2 g，葱姜蒜块 100 g，高汤 200 g。

4）工艺流程

扒肉条工艺流程：

①先将猪后腿肉洗净，放入凉水锅中，放入葱、姜各 10 g，料酒 5 g。

②用中火将肉煮至七成熟取出，凉后切成厚 0.5 cm、宽 3 cm、长 5 cm 的片。

③将肉片整齐地码放在蒸碗底部，将碎料放在上面，加入盐、葱、姜末、酱油、味精、料酒、白糖，以及水 250 g。

④将码好的肉片上笼蒸制 40 分钟，取出后倒扣在平盘内，控出多余的汤汁，回锅勾芡浇在扒肉条上即可。

⑤上面还可放些绿叶丝略加点缀。

清蒸羊工艺流程：

①将选好的羊肉放入清水锅内烧沸，撇去浮沫，放入精盐（5 g）、料酒、葱段、姜块、花椒，煮熟捞出，抽去骨头，去掉表面油，皮晾凉，将羊汤静置澄清备用。

②将熟羊肉切成厚 0.5 cm、长 10 cm 的条，表皮面朝下码在碗内，碎肉放上面，加入精盐（2 g）、葱姜、花椒，再倒入澄清的羊汤，上笼蒸熟后取出，去掉葱、姜、花椒，并扣在汤盘内。

③将控出的原汤倒入锅内烧开后，加葱丝，淋葱椒油，浇在清蒸羊肉上，最后放上葱丝、香菜即成。

黄焖鸡块工艺流程：

①从鸡的背部切开一道口子，掏净里面的残余鸡肺、血块和脂肪块，然后冲洗干净，将鸡斩成 3 cm 见方的块，放入酱油、香料、盐、糖、葱、姜和黄酒等腌制半小时。

②调好全蛋酥糊待用。

③将腌好的鸡块逐个挂糊，下入七成热的油锅中，炸制成熟后捞出待用。

④将炸好的鸡块装入碗内，放入调味品，上笼蒸制 30 分钟后取出，扣到平盘内，浇上芡粉汁即可。

扒丸子工艺流程：

①将肉馅放入小盆内，加入盐、酱油、调料面、鸡蛋、湿淀粉、高汤等拌匀。

②在锅内放色拉油，烧至七成热时，将拌好的肉馅用手挤成小丸子下锅炸，丸子炸熟呈金黄色时捞出。

③将炸好的丸子放入碗内，然后加入精盐、味精、酱油、大料、花椒粒、葱姜蒜块，最后倒入高汤，上笼蒸熟烂后取出，去掉大料和葱姜块，扣在汤盘内。

④将原汤倒入勺内，烧开后用湿淀粉勾米汤芡，浇在丸子上面即成。

5）菜肴特点

①肉质鲜嫩，汤汁清亮，肉软烂而清香。

②香嫩可口，肥而不腻。

③颜色红润，肉质鲜嫩，酥香可口。

④嫩、香、软、烂，味美可口。

6）制作要求

把握制作食物过程中的时间；使用一定量的调味料。

7）类似品种

梅菜扣肉、四喜丸子、香酥鸡、蒸羊肉丸子。

8）营养分析

河套硬四盘营养成分表见表3.49。

表 3.49　河套硬四盘营养成分表

项目	检验依据	营养指标（送检样品）
能量（kJ/100 g）	将每100 g河套硬四盘中蛋白质、脂肪、碳水化合物的测定值分别乘以能量系数17，37，17，将所得结果相加	1123.0
碳水化合物（g/100 g）	按公式（100−蛋白质的含量−脂肪的含量−水分的含量−灰分的含量−粗纤维的含量）计算	3.1
蛋白质（g/100 g）	GB 5009.5—2016	31.3
脂肪（g/100 g）	GB 5009.6—2016	14.5
钠（mg/100 g）	GB 5009.91—2017	1132.0

9）保健功效

此道菜肴能补气养血，有效地补充各种营养元素，有温中益气、补虚填精、健脾胃、活血脉、强筋骨的功效。

3.50　羊肉粉汤

菜肴简介： 羊肉粉汤（图3.53）选用膘肥体壮的羯羊，切成大块，然后清水下锅，肉熟后捞出，剔骨，后将剔骨回锅，温火熬煮成汤。食用时，骨汤兑水，放入调料及香料煮沸，再将熟肉切成薄片，与泡好的水晶粉一同盛入碗中，舀入沸汤，上面再撒上香菜末、葱花、蒜苗和辣椒油等。

图 3.53　羊肉粉汤

1）烹调方法

煮。

2）菜肴命名

将主辅料作为菜肴的名称。

3）烹调原料

①主料：水晶粉 100 g，熟羊肉 100 g。
②配料：炖羊肉的原汤 500 g，青萝卜 20 g，蒜苗 10 g，香菜 5 g。
③调料：盐 3 g，鸡精 3 g，白胡椒粉 3 g，辣椒油 3 g。

4）工艺流程

①将水晶粉提前用水泡软备用，将青萝卜洗净切成片（可以稍厚一些），将蒜苗、葱切成粒，将香菜切成段。

②取一口干净的锅，将原汤舀出，有羊油最好，加入开水，原汤和开水的比例是 2∶1，放入切好的萝卜片，大火烧开，加入盐、鸡精、白胡椒粉，改小火。

③放入羊肉片。

④将泡好的粉条放进碗中，舀入滚开的羊汤烫煮，把烫过粉的汤再倒回锅中，如此重复三四遍，就可以舀入原汤，放切好的蒜苗、葱、香菜，淋点辣椒油，即可。

5）菜肴特点

外观红黄绿白，香味扑鼻，食之香辣爽口，肥而不腻。

6）制作要求

羊肉焯水的时候要用凉水下锅；粉条要事先泡软，否则煮很久都不会烂。

7）类似品种

牛肉粉汤、鸡肉粉汤。

8）营养分析

羊肉粉汤营养成分表见表 3.50。

表 3.50　羊肉粉汤营养成分表

项目	检验依据	营养指标（送检样品）
能量（kJ/100 g）	将每 100 g 羊肉粉汤中蛋白质、脂肪、碳水化合物的测定值分别乘以能量系数 17，37，17，将所得结果相加	1173.0
碳水化合物（g/100 g）	按公式（100 – 蛋白质的含量 – 脂肪的含量 – 水分的含量 – 灰分的含量 – 粗纤维的含量）计算	2.2
蛋白质（g/100 g）	GB 5009.5—2016	29.8
脂肪（g/100 g）	GB 5009.6—2016	15.5
钠（mg/100 g）	GB 5009.91—2017	166.4

9）保健功效

羊肉含蛋白质的量高于兔肉、猪肉，其转化热量之多也是肉类之最，故冬季食用羊肉尤为合适。《伤寒论》就用当归生姜羊肉汤治疗中寒腹痛、肢体不温、痛经等病症，羊肉是一剂良好的滋补强壮品，羊肉还能增强消化功能，保护胃壁，并具有抗衰老、抗疲劳作用。

3.51 蜜汁天鹅蛋

菜肴简介：蜜汁天鹅蛋（图 3.54）是内蒙古风味名菜，主要原料有面粉、蛋黄等，这道菜能清热排毒，适合夏天食用。这道内蒙古风味名菜以山药为主要原料，配以面粉等烹制而成。此菜系已故特一级厨师吴明在 1948 年为董其武司厨时所创。蜜汁天鹅蛋曾在相关技术表演活动中亮相展示，深受区内外群众喜爱。发明这道菜的厨师已经病故，也许没人知道他的名字，但是，他的主人却是大名鼎鼎——董必武。

图 3.54 蜜汁天鹅蛋

1）烹调方法

蜜汁。

2）菜肴命名

以烹调方法结合形态作为菜肴的名称。

3）烹调原料

①主料：山药 500 g。

②配料：豆沙 200 g，湿荠粉 50 g，面粉 25 g，清油适量。

③调料：白糖 150 g。

4）工艺流程

①将山药洗净，上笼蒸熟，取出后去皮压成泥。

②将豆沙搓成细条，剁成 20 小块，再将山药撒上面粉，搅匀后搓成细条，掐成块，捏成空心，包裹豆沙制成鹅蛋形状，垫纸放盘。

③在锅中倒入油，烧至四成熟时将制好的"鹅蛋"下锅，用勺轻搅，炸成嫩黄色时捞出，待油温很高时再将"鹅蛋"下锅，炸成黄色时捞出装盘。

④将锅放在灶上，加水和白糖烧沸，勾入水芡，浇在炸好的"鹅蛋"上即成。

5）菜肴特点

色泽金黄，香甜软糯，形似鹅蛋。

6）制作要求

要选择没有损坏、没有发芽、无绿皮的土豆；掌握好油温和色泽，保证菜肴的质量要求；注意形状特征，以逼真为佳。

7）类似品种

蜜汁红薯、蜜汁小金瓜。

8）营养分析

蜜汁天鹅蛋营养成分表见表 3.51。

表 3.51　蜜汁天鹅蛋营养成分表

项目	检验依据	营养指标（送检样品）
能量（kJ/100 g）	将每 100 g 蜜汁天鹅蛋中蛋白质、脂肪、碳水化合物的测定值分别乘以能量系数 17，37，17，将所得结果相加	735.0
碳水化合物（g/100 g）	按公式（100 - 蛋白质的含量 - 脂肪的含量 - 水分的含量 - 灰分的含量 - 粗纤维的含量）计算	2.7
蛋白质（g/100 g）	GB 5009.5—2016	28.6
脂肪（g/100 g）	GB 5009.6—2016	10.3
钠（mg/100 g）	GB 5009.91—2017	43.5

9）保健功效

山药具有补肾的作用。肾为先天之本，对于人体的生长发育、生殖等功能有着至关重要的作用。山药能够滋补肾脏，对于肾精亏虚引起的腰膝酸软、头晕耳鸣、遗精早泄等症状有一定的辅助改善作用。例如，对于一些工作压力大、经常感觉疲劳、有肾虚症状的上班族，适当食用山药可以起到一定的滋补作用。

3.52 腌猪肉炒鸡蛋

菜肴简介：腌猪肉炒鸡蛋（图 3.55）是内蒙古西北部一道深受欢迎的家常菜。此道菜肴主要流行于巴彦淖尔市和鄂尔多斯市，也是西部地区民间家庭制作的一道风味佳肴，其原料独特，制作简便，适合中老年人食用。

图 3.55　腌猪肉炒鸡蛋

1）烹调方法

炒。

2）菜肴命名

以主辅料加上烹调方法来作为菜肴的名称。

3）烹调原料

①主料：鸡蛋 400 g。

②配料：腌猪肉 150 g。

③调料：葱花 10 g，干姜粉 5 g，花椒粉 5 g，盐 2 g，胡油 15 g。

4）工艺流程

①将腌猪肉切成片，将鸡蛋打散并放入葱花、干姜粉、花椒粉、盐搅拌均匀备用。

②炒锅上火，放入适量的胡油和腌猪肉煸炒，腌猪肉炒到发亮泛黄时倒入搅拌均匀的鸡蛋，两面呈金黄色时即可出锅装盘上桌。

5）菜肴特点

色泽金黄，口味独特，风味俱佳。

6）制作要求

炒制时一定要用小火；将腌猪肉煸炒至出油即可，不可以太干。

7）类似品种

腌猪肉炒尖椒、腌猪肉炒豆干。

8）营养分析

腌猪肉炒鸡蛋营养成分表见表 3.52。

表 3.52　腌猪肉炒鸡蛋营养成分表

项目	检验依据	营养指标（送检样品）
能量（kJ/100 g）	将每 100 g 腌猪肉炒鸡蛋中蛋白质、脂肪、碳水化合物的测定值分别乘以能量系数 17，37，17，将所得结果相加	1075.0
碳水化合物（g/100 g）	按公式（100 - 蛋白质的含量 - 脂肪的含量 - 水分的含量 - 灰分的含量 - 粗纤维的含量）计算	2.2
蛋白质（g/100 g）	GB 5009.5—2016	29.9
脂肪（g/100 g）	GB 5009.6—2016	14.8
钠（mg/100 g）	GB 5009.91—2017	162.3

9）保健功效

鸡蛋中含有大量的维生素、矿物质、蛋白质，具有很高的营养价值。腌猪肉也富含营养，其中磷、钾、钠的含量丰富，还含有脂肪、蛋白质等。腌肉具有开胃祛寒、消食等功效。

3.53　干煎牛肉饼

菜肴简介：干煎牛肉饼（图3.56）是内蒙古的一道创新风味菜肴，烹调方法属于"煎"，这种技法对火候要求十分严格，用少量油两面煎制，加热时间较长，以突出原料外酥里嫩的特点。

图 3.56　干煎牛肉饼

1）烹调方法

煎。

2）菜肴命名

主料前附以烹调方法作为菜肴的名称。

3）烹调原料

①主料：牛前肩肉 350 g。

②配料：鸡蛋 50 g，湿淀粉 30 g，高汤 80 g，植物油 100 g。

③调料：葱姜汁 50 g，大料面 10 g，花椒面 5 g，酱油 10 g，味精 5 g，料酒 10 g。

4）工艺流程

①将牛肉加工成肉馅，加配料和调料搅拌均匀后，加工成厚度为 1 cm 的正方形肉饼。

②锅上火烧热，加植物油，放入牛肉饼，小火煎至两面呈褐红色至熟，装入盘内即可。

5）菜肴特点

口味咸鲜，色泽褐红，风味别致。

6）制作要求

调味需在加热前一次性调好，在加热过程中以及加热后均不再进行调味操作；采用热锅凉油的方式，煎制时间相对较长，以此来保证肉饼外酥里嫩的独特口感；肉饼不宜过厚，不然难以煎制成熟。

7）类似品种

干煎丸子、干煎羊肉饼。

8）营养分析

干煎牛肉饼营养成分表见表 3.53。

表 3.53　干煎牛肉饼营养成分表

项目	检验依据	营养指标（送检样品）
能量（kJ/100 g）	将每 100 g 干煎牛肉饼中蛋白质、脂肪、碳水化合物的测定值分别乘以能量系数 17，37，17，将所得结果相加	1089.0
碳水化合物（g/100 g）	按公式（100－蛋白质的含量－脂肪的含量－水分的含量－灰分的含量－粗纤维的含量）计算	2.3
蛋白质（g/100 g）	GB 5009.5—2016	29.3
脂肪（g/100 g）	GB 5009.6—2016	16.2
钠（mg/100 g）	GB 5009.91—2017	167.1

9）保健功效

牛肉中含有多种 B 族维生素，如维生素 B_{12}、维生素 B_6 等。维生素 B_{12} 对维护神经系统的健康和正常功能起着关键作用，它参与神经髓鞘的合成，能够预防神经病变。同时，维生素 B_{12} 还在红细胞的形成过程中起到重要作用，有助于维持血液的正常功能。维生素 B_6 参与人体的多种代谢过程，包括蛋白质代谢和神经递质的合成，对人体的正常生理功能也非常重要。

3.54 草原炒鲜奶

菜肴简介：草原炒鲜奶（图 3.57）是内蒙古的一道创新风味菜肴，是利用鲜牛奶配以蛋清，经炒制而成，适合小孩、老人、病人、孕妇和产妇食用。

图 3.57 草原炒鲜奶

1）烹调方法

软炒。

2）菜肴命名

以主料搭配地名和烹调方法作为菜肴的名称。

3）烹调原料

①主料：鲜牛奶 500 g。

②配料：蛋清 200 g，湿淀粉 40 g，植物油 60 g，青豆 20 g。

③调料：食用盐 5 g，味精 5 g，料酒 5 g，葱姜汁 10 g。

4）工艺流程

①将一半牛奶烧开晾凉，再加入另一半牛奶和蛋清，搅匀，放食用盐、味精、料酒、葱姜汁、湿淀粉搅匀待用。

②锅上火烧热，放植物油 30 g，再慢慢倒入牛奶，随后分 4 次加入植物油 30 g，待牛奶凝固炒制完成后，倒入盘内，撒上青豆即可。

5）菜肴特点

口味咸鲜，质感软嫩，奶香浓郁，营养丰富。

6）制作要求

原料之间的配比要恰当，调味在加热前一次性完成；火候的掌握很重要，用小火慢慢炒制，否则容易糊锅影响质量；注意油、锅、料均要干净卫生。

7）类似品种

三不沾、溜黄菜。

8）营养分析

草原炒鲜奶营养成分表见表 3.54。

表 3.54　草原炒鲜奶营养成分表

项目	检验依据	营养指标（送检样品）
能量（kJ/100 g）	将每 100 g 草原炒鲜奶中蛋白质、脂肪、碳水化合物的测定值分别乘以能量系数 17，37，17，将所得结果相加	1089.0
碳水化合物（g/100 g）	按公式（100 − 蛋白质的含量 − 脂肪的含量 − 水分的含量 − 灰分的含量 − 粗纤维的含量）计算	2.3
蛋白质（g/100 g）	GB 5009.5—2016	27.4
脂肪（g/100 g）	GB 5009.6—2016	14.6
钠（mg/100 g）	GB 5009.91—2017	166.4

9）保健功效

牛奶含有丰富的矿物质，钙、磷、铁、锌、铜、锰、钼等元素的含量都很多。最难得的是，牛奶是人体钙的最佳来源，而且钙磷比例非常适当，有利于钙的吸收。牛奶成分种类复杂，至少有100多种，主要有水、脂肪、磷脂、蛋白质、乳糖、无机盐等。

3.55　阿拉善王府烤全羊

菜肴简介： "阿拉善王府烤全羊"（图3.58）是内蒙古著名的传统佳肴，清代康熙年间，北京"罗王府"（阿拉善王府）的烤全羊名气就很大，其蒙古族厨师嘎如迪名满京城，从清末民初到中华人民共和国成立初期，各地蒙古王府中虽有烤全羊，但阿拉善王府的烤全羊独占鳌头，因为该王府有一批以胡六十三为首的名厨掌炉。到了今天，阿拉善地区仍在经营制作此菜，将其作为招待贵宾的一道传统风味名菜，其也是彰显气派的一道民族风味佳肴，它已有近300年的历史，制作工艺十分讲究。

图 3.58　阿拉善王府烤全羊

1）烹调方法

烤。

2）菜肴命名

以主料搭配地名和烹调方法作为菜肴的名称。

3）烹调原料

①主料：带皮羊 20 kg。

②配料：荷叶饼 500 g，黄瓜丝 300 g，葱丝 300 g，芹菜 500 g，胡萝卜 500 g，洋葱 500 g，香菜 250 g，饴糖 150 g。

③调料：盐 200 g，甜面酱 300 g，椒盐面 100 g，醋 200 g，干姜面 100 g，料酒 200 g，花椒面 100 g。

4）工艺流程

①将全羊腹腔内部前后腿内侧剞十字花刀，不要划破羊皮。

②将料酒、醋、干姜面、花椒面、盐和匀，分三次涂抹于羊的腹部内侧，即四肢内侧（大约 1 小时）。

③将芹菜、胡萝卜、洋葱、香菜、盐搅拌均匀，放入腹部内部，将刀口缝合，腌制 4 小时。

④将带皮羊清洗干净，用开水烫皮后晾干，将饴糖稀释液均匀地涂抹在羊皮表面，风干后将羊固定在铁架上。

⑤将烤炉或烤箱预热至 220 ℃，将全羊放入，30 分钟后降温至 180 ℃，烤制 150 分钟。

⑥将全羊取出，再用饴糖液涂抹颜色较浅的地方，放入 200 ℃的炉内烤制 30 分钟出炉。

⑦将烤好的全羊放入绘有蒙古族吉祥图案的长方形盘中，去掉铁架。

⑧相关仪式结束后，将全羊皮取下，切块，然后将肉切片，骨头按关节处拆解成自然块装入盘中，骨上放肉，肉上放皮。分装好即可上桌。一并带上荷叶饼、甜面酱、葱丝、黄瓜丝、椒盐面。

5）菜肴特点

外皮酥脆，肉质鲜嫩，口味咸鲜，醇香可口，金红透亮。

6）制作要求

选料至关重要，一定要选择阿拉善地区的绵羊，以确保菜品的质量；腌制时间要充足，时间要长，否则会影响口味；严格把握烤制时间和温度。

7）类似品种

烤羊腿、烤羊背。

8）营养分析

阿拉善王府烤全羊营养成分表见表 3.55。

表 3.55　阿拉善王府烤全羊营养成分表

项目	检验依据	营养指标（送检样品）
能量（kJ/100 g）	将每 100 g 阿拉善王府烤全羊中蛋白质、脂肪、碳水化合物的测定值分别乘以能量系数 17，37，17，将所得结果相加	1151.0
碳水化合物（g/100 g）	按公式（100 − 蛋白质的含量 − 脂肪的含量 − 水分的含量 − 灰分的含量 − 粗纤维的含量）计算	7.1
蛋白质（g/100 g）	GB 5009.5—2016	29.1
脂肪（g/100 g）	GB 5009.6—2016	17.5
钠（mg/100 g）	GB 5009.91—2017	343.2

9）保健功效

此道菜肴具有温补脾胃、肝肾，补血温经之功效，且能保护胃黏膜、补肝明目，可增强机体高温抗病能力，还有健脑益智、保护肝脏、防治动脉硬化、预防癌症以及延缓衰老、美容护肤等作用。需注意，肝病、高血压患者应忌食，肾病、胆固醇过高患者也应忌食。

3.56　扒驼掌

菜肴简介：驼掌是骆驼的掌，骆驼主要产于内蒙古荒漠草原地带。骆驼全身都是宝，尤以驼掌最名贵。驼掌和熊掌一样都是珍贵的美味。早在汉代就有"驼蹄羹"，是为历代宫廷名菜。明《本草纲目》载："家驼峰、蹄最精，人多煮熟糟食。"驼掌是骆驼四只大似蒲团的软蹄。因为它是骆驼躯体中最活跃的组织，故其肉质异常细腻且富有弹性，似筋而更柔软。驼掌的味道极为鲜美，食之可强筋壮骨。扒驼掌（图 3.59）营养丰富，历来就与熊掌、燕窝、猴头齐名，是中国四大名菜之一。古代宫廷御膳用的"北八珍"，驼掌即为其中一珍。由于驼掌珍贵，均被内地星级宾馆订购，即使是在被誉为"驼乡"的额济纳豪华宴会上，也很少能够品尝到。

图 3.59　扒驼掌

1）烹调方法

扒。

2）菜肴命名

在主料前附加特殊手法以命名。

3）烹调原料

①主料：发好的驼掌 400 g。

②配料：油菜心 150 g。

③调料：葱段 20 g，姜片 20 g，八角 10 g，花椒 8 g，桂皮 5 g，料酒 20 g，食用盐 7 g，味精 5 g，芝麻油 4 g，土豆淀粉 15 g，色拉油 10 g，鲜汤 200 g。

4）工艺流程

①将发好的驼掌切成直径 3 cm、厚 0.3 cm 的片，整齐地码入蒸碗内，加入葱段、姜片、花椒、八角、桂皮、食用盐、鲜汤、料酒，蒸 45 分钟后取出，去掉碗内的调料。

②滗出蒸碗中的汤汁，将驼掌扣在直径 35 cm 的盘中，用滗出的汤汁勾芡浇在驼掌上。

③将油菜心修整好，放入沸水锅中，加入少许色拉油、食用盐焯水断生，再放入锅

内，加入食用盐、味精、鲜汤烧开勾芡，淋上芝麻油摆在驼掌的周围即可。

5）菜肴特点

色泽白润，不肥不腻，肉嫩清爽，鲜美利口。

6）制作要求

蒸制的时间要掌握好；驼掌的涨发过程要规范；驼掌扣制的形状一定要整齐。

7）类似品种

扒肉条、扒鱼翅。

8）营养分析

扒驼掌营养成分表见表 3.56。

表 3.56　扒驼掌营养成分表

项目	检验依据	营养指标（送检样品）
能量（kJ/100 g）	将每 100 g 扒驼掌中蛋白质、脂肪、碳水化合物的测定值分别乘以能量系数 17，37，17，将所得结果相加	738.0
碳水化合物（g/100 g）	按公式（100 - 蛋白质的含量 - 脂肪的含量 - 水分的含量 - 灰分的含量 - 粗纤维的含量）计算	17.3
蛋白质（g/100 g）	GB 5009.5—2016	0.5
脂肪（g/100 g）	GB 5009.6—2016	11.5
钠（mg/100 g）	GB 5009.91—2017	576.0

9）保健功效

骆驼掌含有丰富的胶原蛋白质，脂肪含量也比肥肉低。近年针对老年人衰老原因的研究发现，人体中胶原蛋白质缺乏是导致人衰老的一个重要因素。它能防治皮肤干瘪起皱、增强皮肤弹性和韧性，对延缓衰老和促进儿童生长发育都具有特殊意义，具有补血、通乳、填肾精、健腰脚、滋胃液的功效，可用于乳汁缺乏、产后气血不足等情况，适宜乳母、儿童、青少年、老人、久病体虚人群食用。

3.57　玉鸟驼峰丝

菜肴简介：驼峰自古被列为"上八珍"之一，与燕窝、熊掌等齐名，营养丰富，有祛皱美容之功效。内蒙古盛产驼峰，为烹饪提供了丰富的原料，玉鸟驼峰丝（图 3.60）是在内蒙古传统名菜炒驼峰丝的基础上发展而来的呼和浩特非物质文化遗产"吴氏家宴"中的菜品。

图 3.60　玉鸟驼峰丝

1）烹调方法

滑炒。

2）菜肴命名

在主料前附加寓意和形态作为菜肴的名称。

3）烹调原料

①主料：驼峰 400 g。

②配料：鸡茸 300 g，红萝卜 50 g，香菜梗 50 g，冬笋 50 g，蛋清 15 g，猪肥膘 30 g，黄萝卜 50 g，油菜 20 g。

③调料：葱丝 10 g，姜丝 10 g，蒜末 10 g，料酒 20 g，白醋 5 g，食用盐 6 g，味精 4 g，胡椒粉 3 g，芝麻油 3 g，色拉油 20 g，土豆淀粉 20 g。

4）工艺流程

①先将驼峰顺纹切成长 7 cm、粗 0.25 cm 的丝，将冬笋、红萝卜、黄萝卜切成长

5.5 cm、粗 0.2 cm 的丝，将香菜洗净并切成长 5 cm 的段，将葱、姜、蒜切好待用。

②将鸡胸、猪肥膘剁成茸，加蛋清、葱姜水、料酒搅拌均匀。将红萝卜切成鸟嘴、鸟冠、鸟翅膀的形状，用油菜叶作鸟尾，取十二个小勺并抹上油，将十二片油菜叶修整好，放入小勺内，再放上鸡茸，用小刀蘸水做十二只小鸟，安上嘴、冠、翅，并用花椒籽做眼睛，放置一旁备用。

③锅内加入水上火，待水烧至 70 ℃时，将驼峰下入水中滑开，捞出晾凉，然后用料酒、干淀粉、蛋清调制薄浆对驼峰进行煨制，锅内放清油，待油烧至 120 ℃，将驼峰下入油中滑开，捞出待用。

④锅内加水上笼，将做好的小鸟放入大盘中上笼蒸 3 ～ 4 分钟取出。取十二寸盘，将小鸟依次整齐转圈码放在盘边。

⑤锅内倒油，下葱、姜、蒜炝锅，再放入驼峰丝、冬笋丝、红黄萝卜丝，烹入醋、料酒，加入盐、味精翻炒均匀，再下入香菜梗段翻炒均匀，出锅装在小鸟中间。

⑥锅内加高汤，放入盐、味精、胡椒粉、姜水调好口味，将淀粉勾芡成玻璃芡，浇在小鸟上面即可。

5）菜肴特点

小鸟造型逼真，红、黄、白、绿四色相间，口味鲜咸，香而不腻，营养丰富。

6）制作要求

要具备一定刀工；驼峰在上浆前必须焯水。

7）类似品种

滑炒驼峰丝、五彩驼峰丝。

8）营养分析

玉鸟驼峰丝营养成分表见表 3.57。

表 3.57　玉鸟驼峰丝营养成分表

项目	检验依据	营养指标（送检样品）
能量（kJ/100 g）	将每100 g 玉鸟驼峰丝蛋白质、脂肪、碳水化合物的测定值分别乘以能量系数17，37，17，将所得结果相加	1861.0

项目	检验依据	营养指标（送检样品）
碳水化合物（g/100 g）	按公式（100−蛋白质的含量−脂肪的含量−水分的含量−灰分的含量−粗纤维的含量）计算	8.2
蛋白质（g/100 g）	GB 5009.5—2016	1.9
脂肪（g/100 g）	GB 5009.6—2016	45.5
钠（mg/100 g）	GB 5009.91—2017	143.0

9）保健功效

驼峰性温，味甘，无毒，具有润燥、祛风、活血、消肿的功效。驼峰含有蛋白质、脂肪、钙、磷、铁及维生素 A、维生素 B_1、维生素 B_2 和烟酸等成分，其实脂肪含量为 65%，而且它的胆固醇含量很低，是一种健康的肉食，还有一定的药用功能。

3.58 葱烧牛蹄筋

菜肴简介：葱烧牛蹄筋（图 3.61）是一道传统的中式菜肴，其起源与中国丰富的饮食文化以及对食材充分利用的传统有关。牛蹄筋作为牛身上的一个部分，在中国饮食中被巧妙地烹饪成美味佳肴。它在北方菜系中较为常见，因为北方地区畜牧业相对发达，牛蹄筋的原料供应充足。

图 3.61 葱烧牛蹄筋

1）烹调方法

红烧。

2）菜肴命名

在主料前附加烹调方法以命名。

3）烹调原料

①主料：水发牛蹄筋 400 g。
②配料：油菜心 200 g。
③调料：大葱段 100 g，姜丝 10 g，蒜片 10 g，料酒 15 g，食用盐 6 g，酱油 5 g，老抽 2 g，味精 4 g，鸡粉 5 g，土豆淀粉 20 g，白糖 3 g，色拉油 75 g，鲜汤 150 g。

4）工艺流程

①将水发牛蹄筋切成长 8 cm、宽 1 cm 的条，然后放入沸水锅中焯水后捞出待用。
②在锅内倒入色拉油，加热至 150 ℃时将葱段炸成金黄色，随后捞出，放入姜丝、蒜片炝锅，烹入料酒，加入鲜汤和牛蹄筋，开大火烧开，撇去浮沫。
③加入所有调味品，转小火入味，待汤汁剩三分之一时勾芡，放入炸好的葱段即可出锅装盘。

5）菜肴特点

色泽金红油亮，质感滑爽，口味咸鲜。

6）制作要求

熬煮的时间不要太久，这一步只是初步软化牛蹄筋，为后续的炖煮打基础；保持蹄筋口感有弹性；老骨汤应用筒子骨细细炖煮，然后过滤掉油脂。

7）类似品种

扒牛蹄筋、红烧牛蹄筋。

8）营养分析

葱爆牛蹄筋营养成分表见表 3.58。

表 3.58　葱烧牛蹄筋营养成分表

项目	检验依据	营养指标（送检样品）
能量（kJ/100 g）	将每 100 g 葱烧牛蹄筋蛋白质、脂肪、碳水化合物的测定值分别乘以能量系数 17，37，17，将所得结果相加	606.0
碳水化合物（g/100 g）	按公式（100 − 蛋白质的含量 − 脂肪的含量 − 水分的含量 − 灰分的含量 − 粗纤维的含量）计算	0.5
蛋白质（g/100 g）	GB 5009.5—2016	24.5
脂肪（g/100 g）	GB 5009.6—2016	4.8
钠（mg/100 g）	GB 5009.91—2017	432.0

9）保健功效

牛蹄筋含有极为丰富的基质硬蛋白，细胞外基质硬蛋白属于一群具备特殊结构与功能的生物大分子，它由胶原、弹性蛋白、蛋白聚糖以及糖蛋白所组成，具有活络筋骨、温阳补阴、美容养颜的功效。

3.59　干羊肉炒沙葱

菜肴简介：干羊肉炒沙葱（图 3.62）是阿拉善盟家喻户晓的美食，其将风干的羊肉与沙漠中野生的沙葱结合，形成了一道美味的菜肴。

图 3.62　干羊肉炒沙葱

1）烹调方法

煸炒。

2）菜肴命名

以主辅料加上烹调方法来作为菜肴的名称。

3）烹调原料

①主料：干羊肉 300 g。

②配料：鲜沙葱 200 g。

③调料：食用盐 6 g，色拉油 30 g，味精 4 g，料酒 15 g，芝麻油 4 g，酱油 3 g，葱花 10 g，姜末 10 g，红辣椒 5 g。

4）工艺流程

①锅内加底油烧热，倒入泡软的干羊肉开始煸炒，待炒干水分后，加入葱姜爆香，再烹入料酒炝锅。

②炝锅后加入酱油，羊肉上色后放入红辣椒，再倒入沙葱继续翻炒，出锅前加入盐、味精，翻拌均匀即可出锅装盘。

5）菜肴特点

沙葱绿而鲜，味道鲜美，没有膻味。

6）制作要求

浸泡过的干羊肉要炒干水分；沙葱不要炒得太烂。

7）类似品种

沙葱炒羊肉、沙葱羊肉卷。

8）营养分析

干羊肉炒沙葱营养成分表见表 3.59。

表 3.59　干羊肉炒沙葱营养成分表

项目	检验依据	营养指标（送检样品）
能量（kJ/100 g）	将每 100 g 干羊肉炒沙葱蛋白质、脂肪、碳水化合物的测定值分别乘以能量系数 17，37，17，将所得结果相加	776.0

项目	检验依据	营养指标（送检样品）
碳水化合物（g/100 g）	按公式（100－蛋白质的含量－脂肪的含量－水分的含量－灰分的含量－粗纤维的含量）计算	0.9
蛋白质（g/100 g）	GB 5009.5—2016	6.9
脂肪（g/100 g）	GB 5009.6—2016	17.3
钠（mg/100 g）	GB 5009.91—2017	191.0

9）保健功效

此道菜肴含有多种维生素，能预防老年痴呆、治疗伤风感冒，还含有一些矿物质和微量元素，人们食用以后不但能吸收营养，还能缓解高血压症状，并有助于健胃消食。

3.60 赤峰对夹

菜肴简介：赤峰对夹（图 3.63）是赤峰地区流传百年的一种特色小吃，于 1917 年由河北人苏文玉、苏德标父子所创，2018 年赤峰对夹制作技艺被列入内蒙古自治区第六批非物质文化遗产代表性项目名录。

图 3.63 赤峰对夹

1）烹调方法

烤。

2）菜肴命名

在主料前附加烹调方法以命名。

3）烹调原料

①主料：猪肉（瘦）500 g，低筋面粉 500 g。

②配料：小米面 250 g，酥油 150 g，鱼露 150 g，香菜 100 g，葱丝 100 g，红糖 25 g，红茶 5 g。

③调料：盐 20 g，椒盐 20 g，葱段 30 g，姜片 30 g，八角 10 g，桂皮 10 g，酱油 15 g，蒜蓉辣酱 30 g，甜面酱 30 g，烧烤酱 30 g，色拉油 100 g。

4）工艺流程

①将准备好的猪肉在冷水里浸泡 2～3 个小时，撇掉肉中的血水，用刀将表皮刮干净。

②将处理好的肉放到锅中焯水 7～8 分钟，撇净血沫，然后捞出冲洗干净肉表面残留的血沫。

③添入清水（约为肉的 4 倍），煮至沸腾后将肉放入，再放入包好的调料包。

④锅中再加入食用盐 50 g、白糖 10 g，等到汤锅再次沸腾，改用小火煮制 3 个小时左右，捞出肉沥水。

⑤在锅底撒上一层红糖（25 g），再撒上 5 g 红茶，将其摊平在糖上，然后放入铁丝帘，把肉放在帘上，肉皮朝下，随即盖紧锅盖，放在小火上熏制 10 分钟左右，等到红糖、红茶完全烧焦，锅边窜出较浓烟气就可以离火，等 5 分钟再揭盖，将肉取出冷却备用。

⑥取低筋面粉 500 g，倒入酥油 100 g，加水 300 g。

⑦和成油皮面团，揉 10 分钟，饧 30 分钟。

⑧取小米面 250 g，倒入 50 g 酥油搅拌均匀成油酥。

⑨把油皮面团擀成大薄饼，然后涂上一层油酥。

⑩把饧好的面团分成约 1 cm 厚的小饼，放到烤箱中烙制。

5）菜肴特点

色泽金黄，外酥里嫩，不肥不腻，营养丰富，创意独特。

6）制作要求

熏制时间和烤饼要符合菜品的要求；掌握好烤制时间和温度。

7）类似品种

陕西肉夹馍、驴肉火烧。

8）营养分析

赤峰对夹营养成分表见表 3.60。

表 3.60　赤峰对夹营养成分表

项目	检验依据	营养指标（送检样品）
能量（kJ/100 g）	将每 100 g 赤峰对夹中蛋白质、脂肪、碳水化合物的测定值分别乘以能量系数 17，37，17，将所得结果相加	975.0
碳水化合物（g/100 g）	按公式（100 - 蛋白质的含量 - 脂肪的含量 - 水分的含量 - 灰分的含量 - 粗纤维的含量）计算	45.5
蛋白质（g/100 g）	GB 5009.5—2016	21.0
脂肪（g/100 g）	GB 5009.6—2016	10.3
钠（mg/100 g）	GB 5009.91—2017	135.0

9）保健功效

此道菜肴能改善缺铁性贫血，同时具有补肾养血、滋阴润燥的功效。

参考文献

[1] 隗静秋. 中外饮食文化 [M]. 北京：经济管理出版社，2010.

[2] 徐海荣. 中国饮食史 [M]. 北京：华夏出版社，1999.

[3] 马健鹰. 中国饮食文化史 [M]. 上海：复旦大学出版社，2011.

[4] 李曦. 中国烹饪概论 [M]. 北京：旅游教育出版社，2000.

[5] 马宏伟. 中国饮食文化 [M]. 呼和浩特：内蒙古人民出版社，1992.

[6] 姚伟钧. 中国传统饮食礼俗研究 [M]. 武汉：华中师范大学出版社，1999.

[7] 万建中. 饮食与中国文化 [M]. 南昌：江西高校出版社，1994.

[8] 王学泰. 华夏饮食文化 [M]. 北京：中华书局，1993.

[9] 姚伟钧，方爱平，谢定源. 饮食风俗 [M]. 武汉：湖北教育出版社，2001.

[10] 王仁湘. 饮食与中国文化 [M]. 北京：人民出版社，1994.

[11] 彭文明. 新派蒙餐团体标准汇编 [M]. 北京：中国标准出版社，2023.

[12] 王明德，王子辉. 中国古代饮食 [M]. 西安：陕西人民出版社，1988.

[13] 王远坤. 饮食美论 [M]. 武汉：湖北美术出版社，2001.

[14] 刘国芸. 饮食营养与卫生：国内贸易部部编中等技工学校烹饪系列教材 [M]. 4 版. 北京：中国商业出版社，2000.

[15] 孙思邈. 千金食治 [M]. 北京：中国商业出版社，1985.

[16] 忽思慧. 食疗方 [M]. 北京：中国商业出版社，1985.

[17] 赵荣光. 中国饮食文化史 [M]. 上海：上海人民出版社，2006.

[18] 张景明. 中国北方游牧民族饮食文化研究 [M]. 北京：文物出版社，2008.

[19] 张景明. 草原饮食文化研究 [M]. 呼和浩特：内蒙古教育出版社，2016.

[20] 瞿明安. 隐藏民族灵魂的符号：中国饮食象征文化论 [M]. 昆明：云南大学出版社，2001.

[21] 彭文明，崔连伟. 内蒙古传统饮食文化研究 [M]. 长沙：岳麓书社，2022.

[22] 乌云毕力格，成崇德，张永江.蒙古民族通史：第四卷 [M].呼和浩特：内蒙古大学出
      版社，1993.

[23] 朱风，贾敬颜.汉译蒙古黄金史纲 [M].呼和浩特：内蒙古人民出版社，1986.

[24] 萨囊彻辰.蒙古源流 [M].呼和浩特：内蒙古人民出版社，1980.

[25] 道润梯步.新译简注《蒙古秘史》[M].呼和浩特：内蒙古人民出版社，1978.

[26] 忽思慧.饮膳正要译注 [M].上海：上海古籍出版社，2014.

[27] 佚名.居家必用事类全集 [M].北京：中国商业出版社，1986.

[28] 李迪.蒙古族科学技术简史 [M].沈阳：辽宁民族出版社，2006.

[29] 林幹.东胡史 [M].呼和浩特：内蒙古人民出版社，1989.

[30] 林幹.匈奴通史 [M].北京：人民出版社，1986.

[31] 彭文明，赵瑞斌.内蒙古名菜 [M].重庆：重庆大学出版社，2018.

[32] 宁昶英.塞北风俗 [M].呼和浩特：内蒙古大学出版社，1993.

[33] 郎立兴.蒙古族饮食图鉴 [M].呼和浩特：内蒙古人民出版社，2010.

[34] 杨·道尔吉.鄂尔多斯风俗录：守护和祭祀成吉思汗的神秘部落 [M].呼和浩特：蒙古
      学出版社，1993.

[35] 张慧媛.内蒙古草原酒文化 [M].呼和浩特：内蒙古人民出版社，2002.

[36] 赛音吉日嘎拉，沙日勒岱.成吉思汗祭奠 [M].呼和浩特：内蒙古人民出版社，1987.

[37] 郝维民.内蒙古自治区史 [M].呼和浩特：内蒙古大学出版社，1991.

[38] 王来喜.内蒙古经济发展研究 [M].北京：民族出版社，2008.

[39] 彭文明.中国蒙餐美食 [M].呼和浩特：远方出版社，2016.

[40] 白磊，肖继坪，郭华春.130 个马铃薯品种（系）的块茎营养品质评价 [J].中国食物与
      营养，2017，23（2）：70-74.

[41] 徐丽珊，戴一辉，谢子玉，等.七种彩色马铃薯的蛋白质营养评价 [J].浙江师范大学
      学报（自然科学版），2020，43（1）：13-18.

[42] 赵凤敏，李树君，张小燕，等.不同品种马铃薯的氨基酸营养价值评价 [J].中国粮油
      学报，2014，29（9）：13-18.

[43] 鲁克才.中华民族饮食风俗大观 [M].北京：世界知识出版社，1992.

[44] 阿岩，乌恩.蒙古族经济发展史 [M].呼和浩特：远方出版社，1999.

[45] 于文婷.中国美食地图 [M].沈阳：万卷出版公司，2006.